宁波市自然科学学术著作出版资金资助出版

污染场地调查评估与修复治理实践

胡文翔　应红梅　周　军　主编

中国环境出版集团·北京

图书在版编目（CIP）数据

污染场地调查评估与修复治理实践/胡文翔等主编.
—北京：中国环境出版集团，2011.12（2022.2 重印）
ISBN 978-7-5111-0825-8

Ⅰ. ①污… Ⅱ. ①胡… Ⅲ. ①场地—环境污染—调查研究 ②场地—环境污染—污染防治 Ⅳ. ①X53 ②X820.3

中国版本图书馆 CIP 数据核字（2011）第 267362 号

出 版 人　武德凯
责任编辑　黄　颖
责任校对　尹　芳
封面设计　何　为

出版发行　中国环境出版集团
（100062　北京市东城区广渠门内大街 16 号）
网　　址：http：//www.cesp.com.cn
电子邮箱：bjgl@cesp.com.cn
联系电话：010-67112765（编辑管理部）
发行热线：010-67125803，010-67113405（传真）
印　　刷　北京中科印刷有限公司
经　　销　各地新华书店
版　　次　2012 年 3 月第 1 版
印　　次　2022 年 2 月第 2 次印刷
开　　本　787×1092　1/16
印　　张　12.25
字　　数　220 千字
定　　价　52.00 元

污染场地调查评估与修复治理实践

主　　编：胡文翔、应红梅、周　军

编写人员：柴国勇、朱丽波、樊颖果、汪　翔、陈铁熔、叶文波、俞　杰、姜　华、邢杨荣、曾亮亮、朱中元

前　言

土壤环境问题古已有之，“盘庚之迁”就是一个例子。由于商朝旧都的土地肥力下降，黄河水患不断，盘庚继位以后，当他得知安阳（当时称北蒙）一带土肥水美，山林有虎、熊等兽，水里有鱼虾时，决定把都城从奄（今山东曲阜）迁到殷（今河南安阳），决心到此来发展，为以后近三百年的繁荣奠定了基础。

随着社会经济的高速发展，特别是进入21世纪以来，我国的城市化进程快速推进，位于城市边缘的工业区被商住用地所包裹。为了解决由此带来的企业发展与一系列的环境问题和社会问题的矛盾，各地都普遍采用“腾笼换业”的方式，搬迁城市中的企业，将原有企业用地功能调整为商住用地。由于土壤污染具有明显的隐蔽性、潜伏性、不均匀性和不可逆性等特点，污染物在土壤中日益积累或被生物富集，将带来严重的环境风险。原有企业用地（污染场地）功能转变后，土壤污染的治理修复问题摆到了环境管理部门和当地政府的面前。为此，全国各地相继开展对污染场地的调查评估和修复治理工作。宁波是较早开展此项工作的城市之一。

2004年6月1日，国家环境保护总局发出了《关于切实做好企业搬迁过程中环境污染防治工作的通知》（环办[2004]47号）。为了更好地贯彻国家环境保护总局的通知精神，根据宁波实际情况，宁波市环境保护局发了《关于加快做好市区化工企业搬迁过程中环境污染防治工作的通知》（甬环发[2005]29号）。国家环境保护总局和宁波市环境保护局的通知发出后，宁波市环境监测中心先后承担了原宁波四明化工地块、东方威尼斯二期、宁波江东化工区地块、宁波某化工厂丙烯腈泄漏等项目近60万m^2的污染场地调查评估任务。在进行宁波化工研究院、宁波制药厂、宁波某化工厂丙烯腈泄漏等污染场地的修复时，宁波市环境监测中心参与了方案的制订，承担了修复前后的监测任务。

在此期间，成功申请到宁波市科技局课题“化工污染土壤评估及修复技术研究”（课题编号：2007C10072）。

由于我们工作做得比较领先，“宁波样本”受到了环保部和省内有关同行的关注和重视。2008年初，参加了有关污染场地管理办法的讨论修改工作。2009年5月，参加了在南京举办的“土壤环境保护标准制订工作会议”，参与了“土壤环境保护系列标准”的制订与修改工作。2009年9月，宁波与北京、重庆等12个省区市被环保部列为“土壤污染监管试点”地区（环办函[2009]1019）。

本书系在完成“化工污染土壤评估及修复技术研究”课题的基础上，对宁波市自2004年6月1日国家环境保护总局发出《通知》以来，有关污染场地的评估、修复等治理工作和治理技术实践进行了总结提炼，可为宁波市或国内兄弟城市开展土壤污染监管工作提供技术参考。

作者水平所限，书中存在的错误，敬请专家批评指正。

本书系“宁波市自然科学学术著作出版资金资助出版”，对宁波市科学技术协会和相关评审专家一并致谢。

目　录

第一章　绪　论

土壤污染不同于水污染、大气污染和噪声污染，有其自身的特殊性，包括隐蔽性与滞后性、累积性与地域性、不可逆转性、治理难而周期长等特点，因此，我们有必要了解土壤污染的特点、危害之后，才能研究选择正确的修复治理方法和技术。

第一节　土壤污染的特点、危害及修复治理的意义

一、土地污染的定义

什么是污染的土地？土地污染如何定义？这是一个关系到国家关于土地保护和土壤环境污染防治的技术法规的制订和执行的问题，尤其对于农业土地来说，这是十分必要又非常迫切的工作。对此，国内外学者有着不尽相同的表述。

一般地说，只要土壤环境受到外来有害物质或能量的侵害，就表明该土地受到了污染。依据受到侵害的程度，分为轻微污染、轻度污染、中度污染、严重污染和极度污染等多个范畴。

根据美国国家环境保护局 20 世纪 90 年代关于“污染土地”的定义，我们认为以下五点是有益于对土地污染进行认识和鉴别的。

（1）人体健康效应：正在对人体健康产生显著危害或引起这种危害的可能性很大，其中这里的显著“危害”主要是指死亡、疾病、严重伤害、基因突变、先天性致残或对人的生殖功能造成损害等不良健康效应，如致癌、肝脏功能紊乱和皮肤病等，甚至包括污染导致的精神紊乱或分裂症。

（2）动物或作物效应：正在对动植物生长发育和繁殖产生显著危害或引起这种危害的可能性很大，包括导致家畜、野生动物、作物或其他生命体的死亡、疾病或其他物理损害。

（3）水污染效应：正在导致主要水体受到污染或可能受到污染，也就是说，只要存在与该土壤接壤的各种水体（包括地表水和地下水）受到污染的风险。

（4）生态系统效应：正在显著地影响或危害生态系统其他重要组分，而且这

种危害使生态系统功能产生不可逆转的不良变化，涉及对特有或珍稀生物物种的不良效应。

（5）“财产损失”效应：主要是指对人类拥有的各种财产的损害作用，这种损害作用不再用于原计划的使用目的，如对建筑物结构的损害、对房产占有权的干扰等。

因此，准确地说，在给污染土地下定义时，应该考虑土地的使用功能、使用状态、地理位置、社会属性和污染历史等。只有充分考虑这些因素，才会下一个正确的定义。

表 1-1 污染土地定义应考虑的几个方面

项目	主要指标	基本内涵
使用功能	使用价值及其正常功能丧失的程度	农业、工业、居住、娱乐
使用状态	由使用造成的相应危害的概率大小	充分使用、半使用、休闲地、荒地、遗弃地或抛荒
地理位置	对生态系统结构和功能及其重要性的影响和损害	海岸线、沼泽地、平原、丘陵、高山
社会属性	对人的危害及对财产的损害程度	大城市、大城市周围、小城镇、乡村、偏远地带
污染历史	危害作用的时间长短	污染 10 年以上的土地、污染 50 年以上的土地、新被污染的土地、污染后遗弃的土地

二、土壤环境污染的特点

土壤环境的多介质、多界面、多组分以及非均一性和复杂多变的特点，决定了土壤环境污染具有区别于大气环境和水环境污染的不同特点。

1. 隐蔽性与滞后性

水体污染或江河湖海的污染，常常用肉眼就能容易辨识；水泥厂的滚滚浓烟给四周大气造成的污染，在达到一定程度时通过感官就能发现。废弃物的污染问题就更加直观了。但是，土壤环境污染却往往要通过对土壤样品进行分析化验和农作物的残留检测情况，甚至通过粮食、蔬菜和水果等农作物以及摄食的人或动物的健康状况才能出来，从遭受污染到产生“恶果”往往需要一个相当长的过程。也就是说，土壤环境污染从产生污染到出现问题通常会滞后较长的时间，如日本的“骨痛病”经过了 10～20 年之后才被人们所认识。

2. 累积性与地域性

污染物在大气和水体中，一般都比在土壤环境中更容易迁移，而且一般是随着气流和水流进行长距离迁移。污染物在土壤环境中并不像在大气和水体中那样容易扩散和稀释，因此容易在土壤环境中不断积累而达到很高的浓度，与此同时，也使土壤环境污染具有很强的地域性特点。

3. 不可逆转性

如果大气和水体受到污染，切断污染源之后通过稀释作用和自净作用也有可能使污染问题不断逆转，但是积累在污染土壤环境中的难降解污染物则很难靠稀释作用和自净作用来消除。

重金属污染物对土壤环境的污染基本上是一个不可逆转的过程，主要表现为两个方面：①进入土壤环境后，很难通过自然过程得以从土壤环境中消失或稀释；②对生物体的危害和对土壤生态系统结构与功能的影响不容易恢复。例如，被某些重金属污染的农田生态系统可能需要100～200年才得以恢复。

同样，许多有机化合物的土壤环境污染也需要较长的时间才能降解，尤其是那些持久性有机污染物，在土壤环境中基本上很难降解，甚至产生毒性较大的中间产物。例如，六六六和DDT在中国已禁用20多年，但由于有机氯农药非常难于降解，至今经常能从土壤环境中被检出。下面是浙江省宁波地区禁用有机氯农药后10年（1993—1994年）的调查与取样监测数据。

表1-2 不同农田土壤中六六六和DDT农药残留

土壤名	六六六		DDT	
	含量/（mg/kg）	检出率/%	含量/（mg/kg）	检出率/%
菜地土壤	0.0064	100	0.2654	100
果园土壤	0.0150	100	0.7282	100
茶园土壤	0.0113	100	0.0019	83.3
旱粮土壤	0.0019	42.1	0.3089	100
水稻土	0.0003	21.1	0.0677	100

4. 治理难而周期长

土壤环境污染一旦发生，仅仅依靠切断污染源的方法往往很难自我恢复，必须采用各种有效的治理技术才能解决现实污染问题。但是，从目前现有的治理方法来看，仍然存在成本较高和治理周期较长的问题。因此，需要有更大的投入，来探索、研究、发展更为先进、更为有效和更为经济的污染土壤修复、治理的各项技术与方法。

三、土壤环境污染的危害

土壤环境污染正在剥夺大片肥田沃土的生产力和相关生态系统的健康。严重的土壤污染可以导致农作物生长发育的抑制甚至枯萎死亡，这些污染后果是可以及时发现的。更多的土壤污染并无明显表现，如破坏土壤的理化性质，使土壤板结，降低农产品的质量，特别是通过农作物对有害物的富集作用，暗地里危害牲畜人体健康，必须引起高度警惕。

1. 导致严重的经济损失

对于各种土壤环境污染造成的直接或间接经济损失，目前尚缺乏系统的调查资料。仅以土壤环境的重金属污染为例，根据有关资料的计算表明，由农产品的重金属污染导致的经济损失在逐年增加，2000 年已达到 320 亿元人民币。

据估计，全国近年受乡镇工业污染造成的农业经济损失在 100 亿元以上。全国每年发生污染渔业事故造成经济损失为 3 亿多元，并呈明显上升趋势。水污染直接造成水资源短缺，直接损害饮水安全和人体健康，其中影响农作物安全及农业生产，最终导致其经济损失占 GDP 的 0.5%～1.3%。

2. 导致农产品污染超标、品质不断下降

中国大多数城市近郊土壤都受到了不同程度的污染，许多地方粮食、水果等食物中镉、铬、砷、铅等重金属含量超标或接近临界值。据报道每年全国有不少地区已经发展到生产“镉米”的程度，每年生产的“镉米”多达数亿公斤。仅沈阳某污灌区被污染的耕地已达 2500 多 hm^2，致使粮食遭受严重的镉污染，稻米中含镉浓度高达 0.4～1.0mg/kg（这已经达到或超过诱发“骨痛病”的平均含镉浓度）。江西省某县多达 44%的耕地遭到污染，并形成 670 hm^2 的“镉米”区。2000 年全国 2.2 亿 kg 粮食调查发现，粮食中重金属铅、镉、汞、砷超标率达 10%。广东省 9 个商品粮基地 10 种农产品调查，发现农产品有 5 种重金属超标，超标率均在 67.2%以上。

3. 导致大气环境的次生污染

土壤环境受到污染后，含重金属浓度较高的污染表土容易在风力的作用下进入大气环境中，导致大气污染及生态系统退化等其他次生生态环境问题。例如，北京市的大气扬尘中，有一半来源于地表。表土的污染物质可能在风的作用下，作为扬尘进入大气环境中，而汞等重金属则直接以气态或甲基化形式进入大气环境，并进一步通过呼吸作用进入人体。这一过程对人体健康的影响可能有些类似于食用受污染的食物。因此，美国、英国、德国、澳大利亚、瑞典和荷兰等国家的科学家已注意到，城市的土壤污染对人体健康也有直接影响。由于城市人口密度大，而城市的土壤污染问题又比较普遍，因此，国际上对城市土壤污染问题开始予以高度重视。

4. 导致水体富营养化并成为水体污染的祸患

资料表明，中国化肥年生产量已达 3000 万 t，1999 年化肥使用量 4124 万 t，平均 268 kg/hm^2，是世界平均水平的 2.5 倍。其中淮河流域平均 415 kg/hm^2，太湖流域 600 kg/hm^2，蔬菜基地 2000 kg/hm^2。农田生态系统中仅化肥氮的淋洗和径流损失量每年就约 174 万 t，长江、黄河和珠江每年输出的溶解态无机氮达 97.5 万 t，是造成近海赤潮的主要污染源。

5．成为农业生态安全的克星

目前，中国农药产量居世界前列，1999 年中国的农药总产量 66.6 万 t，总施用量 132.2 万 t，平均每亩施用农药 927.7g，单位面积施用量比发达国家高约 1 倍，利用率不足 30%。农药长期大量使用，造成农药对土壤环境的大面积污染，土壤害虫抗药性不断增加，同时也杀死了大量害虫天敌和土壤有益动物，进而使农业生态安全失去基本保障。

四、污染土壤修复治理的意义

目前，理论和技术上可行的修复技术主要有植物修复、微生物修复、化学修复、物理修复和综合修复等几大类，有些修复技术已经进入现场应用阶段并取得好的治理效果。对污染土壤实施修复，降低土壤中污染物的浓度、固定土壤污染物、将土壤污染物转化成毒性较小的或无毒的物质，阻断污染物进入食物链，促进土地资源的保护与可持续发展具有重要现实意义。

第二节　土壤污染物的来源及毒理

一、土壤污染的来源及分类

土地污染的方式多种多样，有些是直接污染，有些是间接污染。除了一些蓄意或常规进行的污染方式（如夜间污水偷排）外，大多是突发事件。以下举例说明化学品土地污染的一些方式：

（1）为了提高作物产量，大量含有重金属的化肥和农药施入农田，造成农业土地硝酸盐、重金属和农药的污染；

（2）存储化学品容器外溢或容器设计失误造成泄漏，如前几年，首钢集团某储苯罐液面高位计失灵，泵工下班未交代，大量苯外溢，并发生火灾，救火过程污染大面积土地；

（3）铁路和公路运输化学品发生交通事故，工厂发生泄漏事故，化学品被事故性排放，造成土地污染；

（4）化学品储罐和地下管线长时期未加检测和修理发生破裂，溢出化学品，这种事故多发生在输油和输天然气管道上，造成周围土地污染；

（5）露天堆放煤、矿石或矿渣，垃圾、废弃物掩埋处理可产生明显的土地污染，城市污水灌溉或任意排放也能污染农业土地；

（6）油田、金属矿采掘明显污染周围土地和流域下游土壤。

论及污染源，主要涉及工业污染源、农业污染源、生活污染源、商业污染源以及其他污染源，如废弃物处置点，包括垃圾的土地填埋场、污水处理厂等。例如，在垃圾填埋场，当垃圾渗滤液产生时，污染物随着渗滤液进入土壤，就导致了土地污染的发生。

表 1-3 土地（包括土壤和地下水）污染的分类

化学类物质	典型地区或生产方式	移动能力	毒性效应
农业化学物质	制造厂、储运、农场、作物喷洒	低	神经系统受损、致癌
汽油和柴油	加油站、军事基地、提炼厂	低到中	致癌
颜料	城市垃圾填埋场	中到高	重金属中毒、神经系统受损、致癌
溶剂	电子厂、汽车修理厂、军事基地	中到高	致癌、神经系统受损、中毒
多环芳烃（PAHs）	煤气制造	低到中	致癌
多氯联苯（PCBs）		低	致癌
二噁英	化学制造、车辆和飞机的排放、废物燃烧	低	诱发肿瘤、氯痤疮（chloracne）

1．重金属

重金属是指密度大于 6 g/cm^3、原子序数大于 20 的金属元素。它们天然存在于自然界的岩石与土壤中，随着污染的发生，其浓度不断上升。在环境科学中，确切地说，重金属这一术语并不准确，但已经被广泛使用，尽管有时也称为“有毒金属”、“潜在有毒元素”和“微量元素”等。在地球化学研究中，重金属由于在地壳岩石中含量不到 1%，属于“微量元素”的范畴。这些微量元素，当它们的浓度过高时，均存在毒性。其中有一些元素，当它们浓度较低或没有超过临界水平时，对动植物的正常健康生长和繁殖都是必需的，这些元素称为“必需微量元素”或“微量营养物质”。当缺乏它们时，往往会导致动植物的疾病甚至死亡。这些必需微量元素包括：钴（细菌和动物必需）、铬（动物必需）、铜（植物和动物必需）、锰（植物和动物必需）、铂（植物必需）、镍（植物必需）、硒（动物必需）、锌（植物和动物必需）。此外，硼（植物必需）、氯（植物必需）、铁（植物和动物必需）、碘（动物必需）、硅（可能植物和动物必需）也是必需微量元素，尽管从其密度上尚不能归为重金属。银、砷、钡、镉、汞、铊、铅和锑等元素，尚不能确定是否具有必需功能，但当土壤中的浓度超过其耐受水平，就会使动植物受到毒害。其中，最为重要的土壤重金属污染物为砷、镉、铬、汞、铅和锌等。

2．石油烃污染物

石油烃污染物主要是一系列直链和支链饱和烷烃，包括甲烷（CH_4）、乙烷

（C_2H_6）、丙烷（C_3H_8）直至 $C_{76}H_{154}$。芳香烃和含有氮、硫的有机组分，也是石油烃的重要组成部分。起源于煤和石油的烃类化合物，构成了土壤及地下水中最为重要的有机污染物的一个类型。

商业起源的一类芳香分子烃污染物是BTEX化合物，如苯、甲苯、乙基苯和二甲苯等，经常以斑块状存在于工业区的土壤和地下水中。有机溶剂如丁烷、*n*-乙烷、苯、甲苯以及乙烯氯、氯仿、四氯化碳和三氯乙烷等有机氯化物，由于在工业上广泛应用，也经常是工业区土壤中重要的有机污染物。除了摄取和吸入导致的毒性危害外，这些烃类有机污染物还存在较高的起火与爆炸的风险。基于其在土壤和地下水中的行为，一些憎水有机液相污染物，如有机溶剂，常常又被称为非水溶性液体（NAPLs）；根据其密度，可以再分为轻非水溶性液体（LNAPLs）和稠非水溶性液体（DNAPLs）。

3. 有毒痕量有机污染物（TOMPs）

有毒痕量有机污染物也称持久性有机污染物（POPs）。最为常见的有毒痕量有机污染物包括：多环芳烃（PAHs）、多杂环烃（PHHs）、多氯联苯（PCBs）、多氯二苯二噁英（PCDDs）、多氯二苯呋喃（PCDFs）以及农药残体及其代谢产物。

农药是存在于土壤环境中一类重要的有机污染物。农药的作用是对付、杀死自然界中各种昆虫、线虫、螨、杂草、真菌病原体，在农药生产过程和农业生产使用过程中可能导致土壤污染。目前，农业上农药的使用量一般达到 0.2～0.5 kg/hm^2，而非农业目的的应用，其用量往往更高。例如，在英国，使用大量除草剂用于铁路或城市道路上清除杂草，其用量近年来不断增加，增长率达到9%。一般地说，只有小于10%的农药达到设想的目标，其余则残留在土壤中。进入土壤中的农药，部分挥发进入大气，部分经淋溶过程进入地下水，或经排水系统进入水体或河流。大部分农药的水溶性大于10 mg/L，因而在土壤中有淋溶的倾向。在肥沃的土壤中，许多农药的半减期为 10 天～10 年。因此，在许多场合足以被淋溶。如阿特拉津的半减期为50～100天，能够引起广泛的地下水污染问题。

4. 其他工业化学品

据估计，目前有6万～9万种化学品已经进入商业使用阶段，并且以每年上千种新化学品的速度进入日常生活。据经济合作与发展组织（OECD）1991 年的报道，1990 年全球有害与特殊废物总产量达到 3.38 亿 t。尽管并不是所有的化学品都存在潜在毒性危害，但是有许多化学品，尤其是优先有害化学品，由于储藏过程的泄漏、废物处理以及在应用过程中进入环境，可导致土壤的污染问题。

5. 富营养废弃物

污泥（也称生物固体）是世界性的土壤污染源。1990 年，美国的污泥产量就达 5.4×10^6t 干固体，欧盟原来 12 个国家为 6.3×10^6t 干固体。随着污水处理事业的发展，中国也将产生越来越多的污泥。目前，污泥的处理方式主要有：农业利用（美国占 22%，英国占 43%）、抛海（英国占 30%）、土地填埋和焚烧等。1998 年 12 月，欧盟已经禁止污泥抛海。

污泥是有价值的植物营养物质的来源，尤其是氮、磷，还是有机质的重要来源，对土壤整体稳定性具有有益的影响。然而，它的价值有时因为含有一些潜在的有毒物质（如镉、铜、镍、铅和锌等重金属和有机污染物）而抵消。在污泥中，最为重要的 POPs 有：①含卤素芳香化合物，如 PCBs、PCTs（多氯三联苯）、PCNs（多氯萘）、多氯苯、PCDDs（多氯二苯二噁英）；②含卤素脂肪族化合物；③PAHs；④农药；⑤芳香胺和亚硝胺；⑥邻苯二甲酸酯。污泥中还含有一些在污水处理过程中尚没有杀死的致病生物，可能会通过食用作物进入人体而危害健康。

6. 放射性核素

核事故、核试验和核电站的运行，都会导致土壤的放射性核素污染。最长期的污染问题被认为是由半衰期为 30 年的 ^{137}Cs 引起的，在土壤和生态系统中其化学行为基本上与钾接近。核武器的大气试验，导致大量半衰期为 29 年的 ^{90}Sr 扩散，其行为类似于生命系统中的钙，由于储藏于骨中，对人体健康构成严重危害。

7. 致病生物

土壤还常常被诸如细菌、病毒、寄生虫等致病生物所污染，其污染源包括动物或病人尸体的埋葬、废物和污泥的处置与处理等。土壤被认为是这些致病生物的“仓库”，能够进一步构成对地表水和地下水的污染，通过土壤颗粒的传播（如被孩子误食、用脏手直接拿食物以及黏附于植物上），使得牲口和人感染疾病，植物受到危害。

二、常见污染物质的毒理

1. 重金属

重金属能够使蛋白质的结构发生不可逆的改变，蛋白质的结构改变功能就会丧失（体内的酶就不能够催化化学反应，细胞膜表面的载体就不能运入营养物质、排出代谢废物，肌球蛋白和肌动蛋白就无法完成肌肉收缩等），所以体内细胞就无法获得营养，排除废物，无法产生能量，细胞结构崩溃和功能丧失，人体也就失去正常的生理功能。

2. 持久性有机污染物

一类是对儿童的出生体重的影响，可能会使人类婴儿的出生体重降低，发育不良，骨骼发育的障碍和代谢的紊乱，都会对人的一生产生影响。第二类是对神经系统，注意力的紊乱、免疫系统的抑制。第三类是对生殖系统的危害。还对人体的内分泌系统有着潜在的威胁，导致男性的睾丸癌、精子数降低、生殖功能异常、新生儿性别比例失调，女性的乳腺癌、青春期提前等，不仅对个体产生危害，而且对其后代造成永久性的影响。第四类对癌症的影响。

3．农药

农药中毒是中毒和意外死亡的主要病因之一，以急性生活性中毒为多，主要是由于误服或自杀，滥用农药引起。生产作业环境污染所致农药中毒，主要发生于农药厂生产的包装工和农村施用农药人员。在田间喷洒农药或配药及检修施药工具时，皮肤易被农药污染，均容易经皮肤和呼吸道吸收发生急性中毒。在接触农药过程中，如果农药进入人体的量超过了正常人的最大耐受量，使人的正常生理功能受到影响，出现生理失调、病理改变等一系列中毒临床表现，就是农药中毒现象。

由于不同农药的中毒作用机制不同，其中毒症状也有所不同，一般主要表现为头痛、头昏、全身不适、恶心呕吐、呼吸障碍、心搏骤停、休克昏迷、痉挛、激动、烦躁不安、疼痛、肺水肿、脑水肿等，为了尽量减轻症状及死亡，必须及早、尽快、及时地采取急救措施。

4．电离辐射污染

（1）凡能引起物质电离的射线，常见的有 X 射线，β射线、γ射线、α粒子、中子、质子等。在接触电离辐射的工作中，如防护措施不当，违反操作规程，人体受照射的剂量超过一定限度，则能发生有害作用。

（2）电离辐射以两种方式作用于人体，即体外照射与体内照射。贯穿辐射（X 射线、射线及中子）是以体外照射方式照射人体；高能量和射线也能以体外照射方式作用于人体。放射性物质进入体内则发生体内照射，它在体内放出γ粒子或β粒子，有的也同时放出β射线、γ射线。体内照射剂量的降低，只能依靠放射性物质体内排出和蜕变。因此外照射不存在环境污染问题，只有内照射存在环境污染问题。

（3）在电离辐射作用下，机体的反应程度取决于电离辐射的种类、剂量、照射条件及机体的敏感性。电离辐射可引起放射病，它是机体的全身性反应，几乎所有器官、系统均发生病理改变，但其中以神经系统、造血器官和消化系统的改变最为明显。人体受到大剂量电离辐射的一次或数次照射，可发生急性放射病。在从事放射性工作中，如防护不当，机体长期受超容许剂量的体外照射，或有放射性物质经常少量进入并蓄积在体内，则可引起慢性放射病。

常见污染物质毒理有关基础知识见表 1-4。

表 1-4a　部分污染物毒理信息（重金属）

编号	名称	毒　性	危　害	防护措施
1	砷	急性中毒：LD_{50} 763 mg/kg（大鼠经口）；145 mg/kg（小鼠经口） 生殖毒性：大鼠经口最低中毒剂量（TDL_0）：605 μg/kg（雌性交配前用药 35 周），胚泡植入前后死亡率升高	砷不溶于水，无毒性。口服砷化合物引起急性胃肠炎、休克、周围神经病、中毒性心肌炎、肝炎，以及抽搐、昏迷等，甚至死亡。大量吸入亦可引起消化系统症状、肝肾损害，皮肤色素沉着、角化过度或疣状增生，多发性周围神经炎	呼吸系统防护：可能接触其粉尘时，应该佩戴自吸过滤式防尘口罩。必要时，佩戴空气呼吸器。 眼睛防护：戴化学安全防护眼镜。 身体防护：穿胶布防毒衣。手防护：戴橡胶手套。 其他：工作毕，淋浴更衣。工作服不准带至非作业场所。单独存放被毒物污染的衣服，洗后备用。保持良好的卫生习惯
2	铅	急性毒性：LD_{50} 70mg/kg（大鼠经静脉） 亚急性毒性：10 μg/m^3，大鼠接触 30～40 天，红细胞胆色素原合酶（ALAD）活性减少 80%～90%，血铅浓度高达 150～200 μg/100 mL。出现明显中毒症状。10 μg/m^3，大鼠吸入 3～12 个月后，从肺部洗脱下来的巨噬细胞减少了 60%，多种中毒症状。0.01 mg/m^3，人职业接触，泌尿系统炎症，血压变化，死亡，妇女胎儿死亡	损害造血、神经、消化系统及肾脏。职业中毒主要为慢性。神经系统主要表现为神经衰弱综合征、周围神经病（以运动功能受累较明显），重者出现铅中毒性脑病。消化系统表现有齿龈铅线、食欲不振、恶心、腹胀、腹泻或便秘，腹绞痛见于中等及较重病例。造血系统损害出现卟啉代谢障碍、贫血等。短时接触大剂量可发生急性或亚急性铅中毒，表现类似重症慢性铅中毒	呼吸系统防护：作业工人应该佩戴防尘口罩。 眼睛防护：必要时可采用安全面罩。 防护服：穿工作服。 手防护：必要时戴防护手套。 其他：工作现场禁止吸烟、进食和饮水。工作后，淋浴更衣。实行就业前和定期的体检。保持良好的卫生习惯

编号	名称	毒 性	危 害	防护措施
3	镉	能在动植物和水生生物体内积蓄，人体镉中毒主要是通过消化道与呼吸道摄入被镉污染的水、空气及食物而引起的。镉在人体内有积蓄作用，潜伏期可长达10～30年	吸入镉燃烧形成的氧化镉烟雾，可引起急性肺水肿和化学性肺炎。个别病例可伴有肝、肾损害。对眼睛有刺激性。用镀镉器调制或贮存酸性食物或饮料，食入后可引起急性中毒症状。有恶心、呕吐、腹痛、腹泻、大汗、虚脱、甚至抽搐、休克。长期吸入较高浓度镉引起职业性慢性镉中毒。临床表现有肺气肿、嗅觉丧失、牙釉黄色环、肾损害、骨软化症等	一般不需特殊防护，但需防止烟尘危害
4	铬	六价铬污染严重的水通常呈黄色，根据黄色深浅程度不同可初步判定水受污染的程度。刚出现黄色时，六价铬的浓度为2.5～3.0mg/L	进入人体的铬被积存在人体组织中，代谢和被清除的速度缓慢。六价铬对人主要是慢性毒害，它可以通过消化道、呼吸道、皮肤和黏膜侵入人体，在体内主要积聚在肝、肾和内分泌腺中。经呼吸道侵入人体时，开始侵害上呼吸道，引起鼻炎、咽炎和喉炎、支气管炎	一般不需特殊防护，但需防止烟尘危害
5	汞	汞及其化合物毒性很大，因为肠对汞及其化合物吸收很快，并可随血液进入器官和组织中，进而引起剧烈的全身性的毒性作用。随饮水进入成年人体内的汞致死量为75～100mg/d。二价汞或升汞的毒性特别大，因为它们易溶于类脂化合物中并很快进入组织。烷基汞比无机汞的毒性更大	急性中毒：病人有头痛、头晕、乏力、多梦、发热等全身症状，并有明显口腔炎表现。可有食欲不振、恶心、腹痛、腹泻等。部分患者皮肤出现红色斑丘疹，少数严重者可发生间质性肺炎及肾脏损伤。 慢性中毒：最早出现头痛、头晕、乏力、记忆减退等神经衰弱综合征；汞毒性震颤；另外可有口腔炎，少数病人有肝、肾损伤	呼吸系统防护：可能接触其蒸汽时，应该佩戴防毒口罩。必要时建议佩戴自给式呼吸器。 眼睛防护：戴安全防护眼镜。 防护服：穿相应的防护服。 手防护：戴防化学品手套。 其他：工作现场禁止吸烟、进食和饮水。工作后，彻底清洗。单独存放被毒物污染的衣服，洗后再用。进行就业前和定期的体检

编号	名称	毒　性	危　害	防护措施
6	镍	金属镍几乎没有急性毒性，一般的镍盐毒性也较低，但羰基镍却能产生很强的毒性	可引起镍皮炎，又称镍“痒疹”。皮肤剧痒，后出现丘疹、疱疹及红斑，重者化脓、溃烂。长期吸入镍粉可致呼吸道刺激、慢性鼻炎，甚至发生鼻中隔穿孔。还会引起变态反应性肺炎、支气管炎、哮喘	呼吸系统防护：可能接触其粉尘时，应该佩戴自吸过滤式防尘口罩。 眼睛防护：戴化学安全防护眼镜。 身体防护：穿透气型防毒服。 手防护：戴防化学品手套。 其他：工作毕，淋浴更衣。注意个人清洁卫生。工作时皮肤划伤应及时处理
7	锰	急性毒性：LD_{50} 9 000 mg/kg（大鼠经口）	慢性中毒，损害中枢神经系统。主要表现为头痛、头晕、记忆减退、嗜睡、心动过速、多汗、两腿沉重、走路速度减慢、口吃、易激动等。重者出现“锰性帕金森氏综合征”，特点为面部呆板，无力，情绪冷淡，语言含糊不清，四肢僵直，肌颤，走路前冲，后退极易跌倒，书写困难等	呼吸系统防护：可能接触其粉尘时，佩戴防尘口罩。必要时建议佩戴防毒面具。 眼睛防护：可采用安全面罩。 防护服：穿相应的防护服。 手防护：一般不需特殊防护，高浓度接触时可戴防护手套。 其他：工作现场禁止吸烟、进食和饮水。工作后，淋浴更衣。注意个人清洁卫生
8	硒	毒性：属微毒类。 急性毒性：LD_{50} 6 700 mg/kg（大鼠经口）	对皮肤黏膜有较强的刺激性。大量吸入可引起急性中毒，出现鼻塞、流涕、咽痛、咳嗽、眼刺痛，头痛、头晕、恶心、呕吐等症状。 慢性中毒：长期接触一定浓度的硒，可有头痛、头晕、无力、恶心呕吐、食欲减退、腹泻等症状。还可有肝大、肝功能异常、低血压、心动过缓等植物神经功能紊乱的表现	呼吸系统防护：可能接触其粉尘时，建议佩戴防毒口罩。必要时佩戴自给式呼吸器。 眼睛防护：可采用安全面罩。 身体防护：穿相应的防护服。 手防护：戴防护手套。 其他：工作后，淋浴更衣。工作服不要带到非作业场所，单独存放被毒物污染的衣服，洗后再用。保持良好的卫生习惯

编号	名称	毒 性	危 害	防护措施
9	锌		吸入锌在高温下形成的氧化锌烟雾可致金属烟雾热，症状有口串金属味、口渴、胸部紧束感、干咳、头痛、头晕、高热、寒战等。粉尘对眼睛有刺激性。口服刺激胃肠道。长期反复接触对皮肤有刺激性	呼吸系统防护：作业时，应该佩戴自吸过滤式防尘口罩。必要时，建议佩戴空气呼吸器。 眼睛防护：戴化学安全防护眼镜。 身体防护：穿防静电工作服。 手防护：戴一般作业防护手套。 其他：工作现场禁止吸烟、进食和饮水。工作毕，淋浴更衣。实行就业前和定期的体检
10	银		重复暴露于银细粉或烟雾中，会引起眼、口、鼻、喉、内部器官和皮肤的蓝灰斑，整个过程很缓慢，有时要几年时间，一旦形成，永不消退；接触银会嵌入皮肤内，形成永久性花纹	使用时应避免吸入本品的灰尘。穿戴适当防护服及护目镜，每天更换工作服，选用适当呼吸器。配备应急眼药水。定期对眼睛、皮肤、鼻子及咽喉进行检查

表 1-4b 部分污染物毒理信息（有机物）

编号	名称	毒 性	危 害	防护措施
1	马拉松	毒性：属低毒类。 急性毒性：LD_{50} 1 800 mg/kg（大鼠经口）；4 444 mg/kg（大鼠经皮） 亚急性和慢性毒性：慢性毒性很低	抑制胆碱酯酶活性，造成神经生理功能紊乱。 急性中毒：职业中毒不多见，多系口服引起。表现有头痛、头昏、食欲减退、恶心、呕吐、腹痛、腹泻、流涎、瞳孔缩小、呼吸道分泌物增多、多汗、肌束震颤等。重者出现肺水肿、脑水肿、昏迷、呼吸麻痹。部分病例可有心、肝、肾损害。慢性中毒：尚有争论。有神经衰弱综合征、多汗、肌束震颤等。血胆碱酯酶活性降低。对皮肤有刺激和致敏作用，可引起皮炎	

编号	名称	毒　性	危　害	防护措施
2	阿特拉津	急性毒性：LD_{50} 672 mg/kg（大鼠经口）；850mg/kg（小鼠经口）；750mg/kg（兔经口）；7500mg/kg（兔经皮）	本品对皮肤和眼睛有刺激作用。属低毒除草剂。动物实验致癌、致畸为阳性。对人有致突变作用	呼吸系统防护：生产操作或农业使用时，必须佩戴防毒口罩。紧急事态抢救或逃生时，应该佩戴自给式呼吸器。 眼睛防护：戴化学安全防护眼镜。 防护服：穿相应的防护服。 手防护：戴防护手套。 其他：工作现场禁止吸烟、进食和饮水。工作后，淋浴更衣。注意个人清洁卫生。实行就业前和定期的体检
3	敌敌畏	毒性：属中等毒类。 急性毒性：LD_{50} 50～92 mg/kg（小鼠经口）；50～110mg/kg（大鼠经口） 亚急性和慢性毒性：兔经口剂量在 0.2mg（kg·d）以上时，经 24 周，引起慢性中毒，超过 1mg（kg·d），动物肝云彩发生严重病变，ChE 持续下降。生殖毒性：大鼠经口最低中毒剂量（TDL_0）：39 200μg/kg（孕 14～21 天），致新生鼠生化和代谢改变	抑制体内胆碱酯酶，造成神经生理功能紊乱。 急性中毒：短期内接触（口服、吸入、皮肤、黏膜）大量接触引起急性中毒。中毒表现有恶心、呕吐、腹痛、流涎、多汗、视物模糊、瞳孔缩小、呼吸道分泌物增多、呼吸困难、肺水肿、肌束震颤、肌麻痹。部分患者有心、肝、肾损害。少数重度中毒者在病情基本恢复 3～5 日后发生迟发性猝死。可致皮炎。血胆碱酯酶活性下降。 慢性中毒：尚有争论。有神经衰弱综合征、多汗、肌束震颤等。血胆碱酯酶活性下降等	呼吸系统防护：生产操作或农业使用时，佩戴防毒口罩。紧急事态抢救或逃生时，应该佩戴自给式呼吸器。 眼睛防护：戴化学安全防护眼镜。 防护服：穿相应的防护服。 手防护：戴防护手套。 其他：工作现场禁止吸烟、进食和饮水。工作后，彻底清洗。工作服不要带到非作业场所，单独存放被毒物污染的衣服，洗后再用。注意个人清洁卫生

编号	名称	毒　性	危　害	防护措施
4	滴滴涕（DDT）	急性毒性：150 mg/kg，1 次，婴儿经口，发现的最低致死剂量；LD_{50} 113 mg/kg，1 次，大鼠经口；LD_{50} 135 mg/kg，1 次，小鼠经口；LD_{50} 2 500 mg/kg，1 次，大鼠经皮；LD_{50} 300 mg/kg，1 次，兔经皮，LD_{50} LD_{50} 35 mg/kg，1 次，两栖动物，经皮下	轻度中毒可出现头痛、头晕、无力、出汗、失眠、恶心、呕吐，偶有手及手指肌肉抽动震颤等症状。重度中毒常伴发高烧、多汗、呕吐、腹泻；神经系统兴奋，上、下肢和面部肌肉呈强直性抽搐，并有癫痫样抽搐、惊厥发作；出现呼吸障碍、呼吸困难、紫绀、有时有肺水肿，甚至呼吸衰竭；对肝肾脏器损害，使肝肿大，肝功能改变；少尿、无尿、尿中有蛋白、红细胞等；对皮肤刺激可发生红肿、灼烧感、瘙痒，还可有皮炎发生，如溅入眼内，可使眼暂性失明。它能经皮肤吸收，是接触中毒的典型代表，由于其在常压时即使在 12℃以下，也有一定的蒸发，所以吸入 DDT 蒸汽亦能引起中毒。对人不论是故意的或是过失造成大量服用时，即能引起中毒	呼吸系统防护：生产操作或农业使用时，必须佩戴防毒口罩。紧急事态抢救或逃生时，应该佩戴自给式呼吸器。 眼睛防护：戴化学安全防护眼镜。 防护服：穿相应的防护服。 手防护：戴防护手套。 其他：工作现场禁止吸烟、进食与饮水。工作后，淋浴更衣。工作服不要带到非作业场所，单独存放被毒物污染的衣服，洗后再用。注意个人清洁卫生
5	杀螟松	毒性：属低毒类。 急性毒性：LD_{50} 250 mg/kg（大鼠经口）；LD_{50} 700 mg/kg（大鼠经皮）；狗经口 40 mg/ kg/日×98 日，有明显中毒反应；鲤鱼 LC_{50} 8.2 mg/L，48 小时。 亚急性和慢性毒性：大鼠经口 80～160 ppm*×16 周，胆碱酯酶活性有明显降低	人口服最低中毒剂量为 800 mg/kg。中毒后出现恶心、呕吐、腹泻和呼吸困难。急性中毒表现有头痛、头昏、恶心、呕吐、腹痛、腹泻、流涎等。重度中毒者出现肺水肿。昏迷等	呼吸系统防护：生产操作或农业使用时，佩戴防毒口罩。紧急事态抢救或逃生时，应该佩戴自给式呼吸器。 眼睛防护：可采用安全面罩。 防护服：穿相应的防护服。 手防护：戴防护手套。 其他：工作现场禁止吸烟、进食和饮水。工作后，淋浴更衣。单独存放被毒物污染的衣服，洗后再用

编号	名称	毒　性	危　害	防护措施
6	苯并[*a*]芘	毒性：是多环芳烃中毒性最大的一种强烈致癌物。 急性毒性：LD_{50} 500 mg/kg（小鼠腹腔）；50 mg/kg（大鼠皮下） 慢性毒性：长期生活在含 BaP 的空气环境中，会造成慢性中毒，空气中的 BaP 是导致肺癌的最重要的因素之一。 水生生物毒性：5 μg/L，12 天，微生物，阻碍作用；5 mg/L，13 小时，软体动物卵，阻碍作用，结构变化	对眼睛、皮肤有刺激作用。是致癌物、致畸原及诱变剂	呼吸系统防护：一般不需特殊防护，但建议特殊情况下，佩戴自给式呼吸器。 眼睛防护：戴安全防护眼镜。 防护服：穿聚乙烯薄膜防毒服。 手防护：必要时戴防化学品手套。 其他：工作后，淋浴更衣。避免长期反复接触。谨防其致癌性
7	二噁英	急性毒性：LD_{50} 22 500 ng/kg（大鼠经口）；114 μg/kg（小鼠经口）；500 μg/kg（豚鼠经口）	对胎儿有毒性，胎儿发育异常，胎儿死亡。 对胎儿和胚胎有影响，对胎儿血液和淋巴系统有影响，对新生儿生长有影响。 对胎儿泌尿、生殖系统有影响，对成活分娩指数（可存活数/出生总数），断奶和授乳指数（断奶尚存活数/第四天存活数）有影响。 按 RTECS 标准为致癌物，肝及甲状腺肿瘤，皮肤肿瘤	

编号	名称	毒 性	危 害	防护措施
8	丙烯腈	毒性：属高毒类。 急性毒性：LD_{50} 78 mg/kg（大鼠经口）；250 mg/kg（兔经皮）；人吸入 300～500 mg/m^3×5～10 min，上呼吸道灼痛、流泪；人吸入 35～200 mg/m^3×20～45 min，黏膜刺激。 亚急性和慢性毒性：大鼠吸入 40 mg/m^3×4 小时/日×6 日/周×40 日，致死，肝坏死；大鼠经口 0.1%饮水×13 周，生长减慢，萎靡	抑制呼吸酶；对呼吸中枢有直接麻醉作用。急性中毒表现与氢氰酸相似。急性中毒：以中枢神经系统症状为主，伴有上呼吸道和眼部刺激症状。轻度中毒有头晕、头木、意识蒙眬及口唇紫绀等。眼结膜及鼻、咽部充血。重者除上述症状加重外，出现四肢阵发性强直抽搐、昏迷。液体污染皮肤，可致皮炎，局部出现红斑、丘疹或水疱。 慢性中毒：尚无定论。长期接触，部分工人出现神衰综合征、低血压等。对肝脏影响未肯定	呼吸系统防护：可能接触毒物时，必须佩戴过滤式防毒面具（全面罩）。紧急事态抢救或撤离时，佩戴空气呼吸器。 眼睛防护：呼吸系统防护中已作防护。 身体防护：穿连衣式胶布防毒衣。 手防护：戴橡胶手套。 其他：工作现场禁止吸烟、进食和饮水。工作毕，彻底清洗。单独存放被毒物污染的衣服，洗后备用。车间应配备急救设备及药品。作业人员应学会自救互救
9	水合肼	毒性：属高毒类。 急性毒性：LD_{50} 129 mg/kg（大鼠经口）	吸入本品蒸汽，刺激鼻和上呼吸道。此外，尚可出现头晕、恶心和中枢神经系统兴奋。液体或蒸汽对眼有刺激作用，可致眼的永久性损害。对皮肤有刺激性；长时间皮肤反复接触，可经皮肤吸收引起中毒；某些接触者可发生皮炎。口服引起头晕、恶心	呼吸系统防护：可能接触其蒸汽或烟雾时，应该佩戴防毒面具。紧急事态抢救或逃生时，佩戴自给式呼吸器。 眼睛防护：戴化学安全防护眼镜。 防护服：穿工作服（防腐材料制作）。 手防护：戴橡皮手套。 其他：工作后，淋浴更衣。单独存放被毒物污染的衣服，洗后再用。注意个人清洁卫生

注：* ppm（换算成质量体积浓度的国际单位公式为：$X=M \cdot C/22.4$，式中：X 为国际单位 mg/m^3 表示的浓度值；M 为污染物的分子量；C 为 ppm 单位表示的浓度值，下同）。

表 1-4c　部分污染物毒理信息（我们曾经在土壤调查中发现的有机物）

编号	名称	毒　性	危　害	防护措施
1	苯	毒性：属中等毒性。 急性毒性：LD_{50} 3 306 mg/kg（大鼠经口）；LC_{50} 48 mg/kg（小鼠经皮）；人吸入 64 g/m^3×5～10 min，头昏、呕吐、昏迷、抽搐、呼吸麻痹而死亡；人吸入 24 g/m^3×0.5～1 h，危及生命	高浓度苯对中枢神经系统有麻醉作用，引起急性中毒；长期接触苯对造血系统有损害，引起慢性中毒	呼吸系统防护：空气中浓度超标时，应该佩戴自吸过滤式防毒面罩（半面罩）。紧急事态抢救或撤离时，应该佩戴空气呼吸器或氧气呼吸器。眼睛防护：戴化学安全防护眼镜。身体防护：穿防毒渗透工作服。手防护：戴橡胶手套
2	甲苯	毒性：属低毒类。 急性毒性：LD_{50}5 000 mg/kg（大鼠经口）；LC_{50} 12 124 mg/kg（兔经皮）；人吸入 71.4 g/m^3，短时致死；人吸入 3 g/m^3×1～8 h，急性中毒；人吸入 0.2～0.3 g/m^3×8 h，中毒症状出现	对皮肤、黏膜有刺激性，对中枢神经系统有麻醉作用	呼吸系统防护：空气中浓度超标时，应该佩戴自吸过滤式防毒面罩（半面罩）。紧急事态抢救或撤离时，应该佩戴空气呼吸器或氧气呼吸器。眼睛防护：戴化学安全防护眼镜。身体防护：穿防毒渗透工作服。手防护：戴乳胶手套
3	二甲苯	毒性：属低毒类。 急性毒性：LD_{50}1 364 mg/kg（小鼠静脉）	对眼及上呼吸道有刺激作用，高浓度时对中枢神经系统有麻醉作用	呼吸系统防护：空气中浓度较高时，佩戴过滤式防毒面具（半面罩）。紧急事态抢救或撤离时，建议佩戴空气呼吸器。眼睛防护：戴化学安全防护眼镜。身体防护：穿防毒物渗透工作服。手防护：戴橡胶手套
4	二硝基甲苯	毒性：属低毒类。 急性毒性：LD_{50} 177 mg/kg（大鼠经口）	引起高铁血红蛋白血症的作用	呼吸系统防护：空气中浓度超标，佩戴防毒面具。紧急事态抢救或逃生时，应该佩戴自给式呼吸器。眼睛防护：戴安全防护眼镜。防护服：穿紧袖工作服，长统胶鞋。手防护：戴橡皮手套

编号	名称	毒 性	危 害	防护措施
5	三硝基甲苯	毒性：属中等毒性。 急性毒性：LD_{50} 795 mg/kg（大鼠经口）；660 mg/kg（小鼠经口）人吸入 2 mg/m^3 血液轻度改变；人经口 1 mg/kg×4 d 未见血液学改变；人在＞2 mg/m^3 环境中有不悦感	对血液系统的损害，可形成高铁血红蛋白、赫氏小体；可引起中毒性肝损伤；对眼睛可引起中毒性白内障	呼吸系统防护：空气中浓度较高时，佩戴防毒面具。紧急事态抢救或逃生时，佩戴自给式呼吸器。眼睛防护：戴安全防护眼镜。防护服：穿紧袖工作服，长统胶鞋。手防护：戴橡皮胶手套
6	苯胺	毒性：中等毒性。 急性毒性：LD_{50} 442 mg/kg（大鼠经口）；820 mg/kg（兔经皮）；LC_{50} 175 ppm，7 h（小鼠吸入）	苯胺的毒作用，主要因形成的高铁血红蛋白所致，造成组织缺氧，引起中枢神经系统、心血管系统和其他脏器损害	呼吸系统防护：可能接触其蒸汽时，佩戴防毒面具。紧急事态抢救或逃生时，佩戴正压自给式呼吸器。眼睛防护：戴安全防护眼镜。防护服：穿紧袖工作服，长统胶鞋。手防护：戴橡皮手套
7	邻甲苯胺	急性毒性：LD_{50} 670 mg/kg（大鼠经口）；3 250 mg/kg（兔经皮）；人吸入 176 mg/m^3×60 min，严重毒作用；人吸入 44 mg/m^3，出现症状；人吸入 22 mg/m^3，不悦感	本品是强烈的高铁血红蛋白形成剂，并能刺激膀胱尿道，能致血尿	呼吸系统防护：可能接触其蒸汽时，佩戴防毒面具。紧急事态抢救或逃生时，佩戴正压自给式呼吸器。眼睛防护：戴安全防护眼镜。防护服：穿紧袖工作服，长统胶鞋。手防护：戴橡皮手套
8	甲基苯酚	毒性：属低毒类。 急性毒性：LD_{50} 121 mg/kg（大鼠经口）；890 mg/kg（兔经皮）	本品对皮肤、黏膜有强烈刺激和腐蚀作用。引起多脏器损害	呼吸系统防护：空气中粉尘浓度超标时，应该佩戴头罩型电动送风过滤式防尘呼吸器；可能接触其蒸汽时，应该佩戴自吸过滤式防毒面具（全面罩）。眼睛防护：呼吸系统防护中已作防护。身体防护：穿胶布防毒衣。手防护：戴橡胶手套

编号	名称	毒　性	危　害	防护措施
9	异丙基苯	毒性：低毒类。 急性毒性：LD_{50}1 400 mg/kg（大鼠经口）；12 300 mg/kg（兔经皮）；LC_{50} 24 700 mg/m^3，2 h（小鼠吸入）	急性中毒表现与苯、甲苯相似，但麻醉作用出现较慢而持久。表现有黏膜刺激症状以及头晕、头痛、恶心、呕吐、步态蹒跚等。严重中毒可发生昏迷、抽搐等。本品对造血系统影响不明显	呼吸系统防护：空气中浓度超标时，佩戴过滤式防毒面具（半面罩）。紧急事态抢救或反义词时，建议佩戴自给式呼吸器。眼睛防护：戴化学安全防护眼镜。身体防护：穿防毒物渗透工作服。手防护：戴防苯耐油手套
10	氯乙烯	急性毒性：LD_{50} 500 mg/kg（大鼠经口）；人吸入 10.4 g/m^3×5 min，无感觉；人吸入 15.6 g/m^3，略有不适；人吸入 31.2～41.6 g/m^3，头昏、羞明、呕吐	对动物和人有致癌作用，为肝血管肉瘤。高浓度可产生不同程度的麻醉作用，主要取决于吸入剂量。长期少量吸入可引起慢性肝、肾功能异常。为一致癌物	呼吸系统防护：空气中浓度超标时，佩戴过滤式防毒面具（半面罩）。紧急事态抢救或撤离时，建议佩戴空气呼吸器。眼睛防护：戴化学安全防护眼镜。身体防护：穿防静电工作服。 手防护：戴防化学品手套
11	二氯乙烯	急性毒性：LD_{50} 200 mg/kg（大鼠经口）；LC_{50} 25 210 mg/m^3，4 h（大鼠吸入）；人吸入＜5×10^{-6}，肝功能略有影响	对动物和人有致瘤作用。主要影响中枢神经系统，并有眼及上呼吸道刺激症状	呼吸系统防护：空气中浓度超标时，应该佩戴过滤式防毒面具（半面罩）。紧急事态抢救可撤离时，佩戴隔离式呼吸器。眼睛防护：戴化学安全防护眼镜。身体防护：穿防静电工作服。 手防护：戴橡胶手套
12	三氯乙烯	毒性：有蓄积作用。 急性毒性：LD_{50}2 402 mg/kg（小鼠经口）；LC_{50} 45 292 mg/m^3，4 h（小鼠吸入）；137 752 mg/m^3，1 h（大鼠吸入）；人吸入 6.89 g/m^3×6 min，黏膜刺激；人吸入 5.38 g/m^3×120min，视力减退	本品主要对中枢神经系统有麻醉作用。亦可引起肝、肾、心脏、三叉神经损害	呼吸系统防护：可能接触其蒸汽时，应该佩戴自吸过滤式防毒面具（半面罩）。紧急事态抢救或撤离时，佩戴循环式氧气呼吸器。眼睛防护：戴化学安全防护眼镜。身体防护：穿防毒物渗透工作服。手防护：戴防化学品手套

编号	名称	毒性	危害	防护措施
13	四氯乙烯	毒性：属中等毒类。 急性毒性：LD_{50} 3 005 mg/kg（大鼠经口）；LC_{50} 50 427 mg/m^3 4 h（大鼠吸入）；人吸入 13.6 g/m^3，数分钟内轻度麻醉；人吸入 0.7～0.8 g/m^3，喉部轻度刺激和干燥感；人吸入 0.5～0.54 g/m^3，轻度眼刺激和烧灼感，数分钟适应；人吸入 0.34 g/m^3，可嗅到气味	本品有刺激和麻醉作用。吸入急性中毒者有上呼吸道刺激症状、流泪、流涎。随之出现头晕、头痛、恶心、呕吐、腹痛、视力模糊、四肢麻木，甚至出现兴奋不安、抽搐乃至昏迷，可致死。慢性中互者有乏力、眩晕、恶心、酩酊感等。可有肝损害。皮肤反复接触，可致皮炎和湿疹	呼吸系统防护：空气中浓度超标时，应该佩戴防毒面具。紧急事态抢救或撤离时，佩戴自给式呼吸器。眼睛防护：戴化学安全防护眼镜。防护服：穿防静电工作服。手防护：必要时戴防化学品手套
14	氯甲烷	毒性：属低毒类。 急性毒性：LC_{50} 5300 mg/m^3，4 h（大鼠吸入）	本品有刺激和麻醉作用，严重损伤中枢神经系统，亦能损害肝、肾和睾丸	呼吸系统防护：空气中浓度超标时，佩戴过滤式防毒面具（半面罩）。紧急事态抢救或撤离时，必须佩戴正压自给式呼吸器。眼睛防护：戴化学安全防护眼镜。身体防护：穿透气型防毒服。手防护：戴防化学品手套
15	氯乙烷	毒性：属中等毒类。 急性毒性：LC_{50} 160 000 mg/m^3，2 h（大鼠吸入）；人吸入 35 mg/L×17 min，有微弱作用；人吸入 50 mg/L×1 min，开始有麻醉作用；人吸入 90 mg/L×7.5～8 min，生理机能障碍，发绀	有刺激和麻醉作用。高浓度损害心、肝、肾。吸入 2%～4%浓度时可引起运动失调、轻度痛觉消失，但其刺激作用非常轻微；高浓度接触引起麻醉，出现中枢抑制，可出现循环和呼吸抑制。皮肤接触后可因局部迅速降温，造成冻伤	呼吸系统防护：空气中浓度较高时，建议选择自吸过滤式防毒面具（半面罩）。眼睛防护：戴化学安全防护眼镜。 身体防护：穿防静电工作服。手防护：戴防化学品手套
16	二氯乙烷	毒性：属高毒类，蒸汽有剧毒。 急性毒性：LD_{50} 670 mg/kg（大鼠经口）；2 800 mg/kg（兔经皮）；LC_{50} 4 050 mg/m^3，7 h（大鼠吸入）	对眼睛及呼吸道有刺激作用；吸入可引起肺水肿；抑制中枢神经系统、刺激胃肠道和引起肝、肾和肾上腺损害。还能刺激胃肠道，严重的直至死亡	呼吸系统防护：空气中浓度超标时，应该佩戴过滤式防毒面具（半面罩）。紧急事态抢救可撤离时，佩戴隔离式呼吸器。眼睛防护：戴化学安全防护眼镜。身体防护：穿防静电工作服。手防护：戴橡胶手套

编号	名称	毒　性	危　害	防护措施
17	三氯乙烷	毒性：属低毒类。 急性毒性：LD_{50} 10300mg/kg（大鼠经口）；LC_{50} 97 920mg/m^3，4h（大鼠吸入）	急性中毒主要损害中枢神经系统。轻者表现为头痛、眩晕、步态蹒跚、共济失调、嗜睡等；重者可出现抽搐，甚至昏迷。可引起心律不齐。对皮肤有轻度脱脂和刺激作用	呼吸系统防护：空气中浓度超标时，应该佩戴直接式防毒面具（半面罩）。紧急事态抢救或撤离时，佩戴空气呼吸器。眼睛防护：戴安全防护眼镜。身体防护：穿防毒物渗透工作服。手防护：戴防化学品手套
18	四氯乙烷	毒性：属高毒类。 急性毒性：LD_{50} 0.57mg/kg（大鼠经口）；LC_{50} 6.86g/m^3，4h（大鼠吸入）	对口枢神经系统有麻醉和抑制作用，可引起肺、肝、肾等损害	呼吸系统防护：空气中浓度较高时，佩戴防毒面具。紧急事态抢救或撤离时，佩戴自给式呼吸器。眼睛防护：戴化学安全防护眼镜。防护服：穿聚乙烯薄膜防毒服。手防护：戴橡皮胶手套
19	二氯丙烷	急性毒性：LD_{50}2 196mg/kg（大鼠经口）；8 750mg/kg（兔经皮）；小鼠吸入 4.6 g/m^3×3～4 h，致死；小鼠经口 860mg/kg，致死	吸入、摄入或经皮肤吸收后对身体有害。1,2-二氯丙烷对中枢神经系统有抑制作用；可使皮肤干燥，脱屑和皲裂；对黏膜有刺激作用；可引起肝、肾和心肌脂肪性变	呼吸系统防护：空气中浓度超标时，应该佩戴防毒面具。紧急事态抢救或逃生时，佩戴自给式呼吸器。眼睛防护：戴化学安全防护眼镜。身体防护：穿相应的工作服。手防护：必要时戴防化学品手套
20	氯苯	急性毒性：LD_{50} 2 290mg/kg（大鼠经口）；1 445 mg/kg（小鼠经口）	对中枢神经系统有抑制和麻醉作用；对皮肤和黏膜有刺激性	呼吸系统防护：空气中浓度超标时，应该佩戴自吸过滤式防毒面具（半面罩）。眼睛防护：一般不需要特殊防护，高浓度接触时可戴化学安全防护眼镜。身体防护：穿防毒物渗透工作服。手防护：戴橡胶手套
21	氯仿	毒性：属中等毒性。 急性毒性：LD_{50} 908 mg/kg（大鼠经口）；LC_{50} 47702mg/m^3，4h（大鼠吸入）；人吸入 120 g/m^3，吸入 5～10 min 死亡；人吸入 30～40 g/m^3，呕吐，眩晕的感觉；人吸入 10 g/m^3，15 min 后眩晕和轻度恶心；人吸入 1.9 g/m^3，能耐受 30 min，无不适	主要作用于中枢神经系统，具有麻醉作用，对心、肝、肾有损害。吸入或经皮肤吸收引起急性中毒，初期有头痛、头晕、恶心、呕吐、兴奋、皮肤黏膜有刺激症状，以后呈现精神紊乱、呼吸表浅、反向消失、昏迷等，重者发生呼吸麻痹、心室纤维性颤动、并可有肝、肾损害。误服中毒时，胃有烧灼感、伴恶心、呕吐、腹痛、腹泻以后出现麻醉症状	呼吸系统防护：空气中浓度超标时，应该佩戴直接式防毒面具（半面罩）。紧急事态抢救或撤离时，佩戴空气呼吸器。眼睛防护：戴化学安全防护眼镜。身体防护：穿防毒物渗透工作服。手防护：戴防化学品手套

编号	名称	毒　性	危　害	防护措施
22	三氯苯	急性毒性：LD_{50} 756mg/kg（大鼠经口）；1390mg/kg（小鼠静注）	本品对眼、上呼吸道、黏膜、皮肤有刺激作用。慢性接触的工人出现头痛、恶心、上腹和心前区痛，部分工人肝大，有上呼吸道及眼结膜刺激症状	呼吸系统防护：空气中浓度超标时，应该佩戴防毒面具。紧急事态抢救或逃生时，佩戴自给式呼吸器。眼睛防护：戴安全防护眼镜。防护服：穿相应的防护服。手防护：必要时戴防化学品手套
23	四氯苯	急性毒性：LD_{50}1722mg/kg（大鼠经口）	对眼、上呼吸道、皮肤、黏膜有刺激性。免吸入本品粉尘，引起红细胞、血红蛋白降低，淋巴细胞增高。重复涂皮引起局部变红，且有全身毒作用	呼吸系统防护：可能接触其粉尘时，应该佩戴自吸过滤式防尘口罩。紧急事态抢救或撤离时，佩戴空气呼吸器。 眼睛防护：戴安全防护眼镜。 身体防护：穿防毒物渗透工作服。 手防护：戴橡胶手套
24	二（2-氯乙基）醚	急性毒性：LD_{50} 250mg/kg（大鼠经口）；3200mg/kg（兔经皮）	吸入、摄入或经皮肤吸收后对身体有害。其蒸汽或烟雾对眼睛、黏膜和上呼吸道有刺激作用，接触后引起烧灼石破天惊、咳嗽、喘息、气短、头痛、恶心和呕吐	呼吸系统防护：可能接触其蒸汽时，佩戴防毒口罩。高浓度环境中，建议佩戴自给式呼吸器。眼睛防护：戴化学安全防护眼镜。身体防护：穿防静电工作服。手防护：必要时戴防护手套
25	邻苯二甲酸二乙酯	毒性：属低毒。 急性毒性：LD_{50} 8600mg/kg（大鼠经口）；6172mg/kg（小鼠经口）；LC_{50} 7510mg/m^3（大鼠吸入）；4890mg/m^3（小鼠吸入）	吸入、摄入或经皮肤吸收后对身体有害，本品对皮肤、眼睛有刺激作用，其蒸汽或烟雾对眼睛、黏膜和上呼吸道有刺激作用。接触后可引起头痛、头晕和呕吐	呼吸系统防护：空气中浓度超标时，戴面具式呼吸器。紧急事态抢救或撤离时，佩戴自给式呼吸器。眼睛防护：戴化学安全防护眼镜。防护服：穿工作服。手防护：戴防护手套

第三节 污染场地修复的主要技术概述

近年来，污染土壤修复技术与工程发展很快。特别在欧美等发达国家，随着点源污染逐渐被控制，污染土壤及地下水的修复技术不断创新。以下介绍国外常用的修复技术要点。

一、物理修复及蒸汽浸提技术

污染土壤的物理修复过程主要利用污染物与土壤颗粒之间、污染土壤颗粒与非污染土壤颗粒之间各种物理特性的差异，达到污染物从土壤中去除、分离的目的，主要的技术包括基本物理分离、电磁分离和蒸汽浸提（vapour extraction）。

土壤蒸汽浸提为典型的原位物理修复过程，是一类通过降低土壤孔隙内的蒸汽压把土壤环境中的污染物转化为气态形式而加以去除的方法。一方面，清洁空气被通入土壤；另一方面，土壤中的污染物随之被排出。该过程主要通过固态、水溶态和非水溶性液态之间的浓度差以及通过土壤真空浸提过程引入的清洁空气进行驱动，因此，也称“土壤真空浸提技术”。一般地说该技术最适用于汽油及有机溶剂（如全氯乙烯、三氯乙烯、二氯乙烯、三氯乙烷苯、甲苯、乙基苯和二甲苯）等高挥发性化合物污染土壤的修复。

表 1-5 污染土壤的物理修复

基本类型	一般原理	技术描述
基本物理分离技术	颗粒大小	由于污染物有时与一定大小的颗粒物（如沙砾、沙、淤泥和薪土等）结合，可以通过对一定大小颗粒物进行分离
	密度大小	污染物可与一定密度的颗粒（如土壤有机质、石英和铁铝氧化物）相结合。根据土壤颗粒的密度不同，或者污染物与土壤颗粒的密度差异，可达到分离污染物的目的
	表面特性	黏土、铁氧化物和含碳物质的表面特性差异很大。可以利用其表面特性达到分离污染物的目的
电磁分离技术	磁特性	根据土壤颗粒的磁化系数不同，分离污染物，如铁氧化物和黏土的磁化系数不同
	电动力学特性	利用带电颗粒或污染物分别向阳极和阴极迁移的特性分离污染物
蒸汽浸提技术	污染物的挥发特性	应用负气压和一定程度的加热，促使污染物挥发可达到与土壤颗粒相分离的目的

二、化学修复及可渗化学活性栅技术

化学修复从总体上可以分为原位化学修复和异位化学修复。原位化学修复（in-situ chemical remediation）是指在污染土地的现场加入化学修复剂与土壤或地下水中的污染物发生各种化学反应，从而使污染物得以降解或通过化学转化机制去除污染物的毒性以及对污染物进行化学固定，使其活性或生物有效性下降的方法。一般地，原位化学修复不需抽提含有污染物的土壤溶液或地下水到污水处理厂或其他特定的处理场所进行再处理这样一个代价昂贵的环节。根据化学修复剂投递系统的不同，可以进一步细分为：①农耕法，通过农业耕种把固体化学修复剂混合并加入污染土壤；②中耕法，在中耕/耘田的时候把化学修复剂混合并加入污染土壤；③螺钻法，用市政工程设备把化学修复剂混合并加入污染土壤；④灌溉法，把化学修复剂溶解于水中，然后通过农业灌溉的形式使其渗入污染土壤中；⑤喷雾法，用喷雾器把液状化学修复剂撒入污染土壤，有时与农药一起使用。

相反，异位化学修复（on-site chemical remediation）主要是把土壤或地下水中的污染物通过一系列化学过程，甚至通过富集途径转化为液体形式，然后把这些含有污染物的液状物质输送到污水处理厂或专门的处理场所加以处理的方法，该方法因此通常依赖诸如化学反应器甚至化工厂来最终解决问题。有时，这些经过化学转化的含有污染物的液状物质被推置到安全的地方进行封存。

三、淋洗修复技术

实际上，污染土壤的淋洗修复是化学修复的一种形式。或者更为确切地说，是物理化学修复。土壤淋洗修复包括原位土壤淋洗（in-situ soil leaching/washing/flushing）和溶剂浸提（solvent extraction）两种方式。原位土壤淋洗是指在污染现场用物理化学过程去除非饱和区或近地表饱和区土壤中污染物的方法，详细地说，就是在污染现场先把水或含有某些能促进土壤环境中污染物溶解或迁移的化合物（冲洗助剂）的水溶液渗入或注入到污染的土壤中，然后再把这些含有污染物的水溶液从土壤中抽提出来并送到传统的污水处理厂进行再处理的过程。溶剂浸提方法则是典型的异位物理化学修复过程，其原理是把土壤污染物从土壤中转移到有机溶剂或超临界流体中，然后进行进一步处理，具体涉及把污染土壤从污染现场挖出来、去掉石块，运送到专门的处理场所，（分批）投入大型浸提器或特定容器中使污染土壤与溶剂完全混合、充分接触，通过一定的方法使加入的有机溶剂与土壤分离，分离后的有机溶剂由于含有污染物需进一步处理进行再循环。

四、生物修复技术

生物修复（bioremediation）主要依靠生物（特别是微生物）的活动使土壤或地下水中的污染物得以降解或转化为无毒或低毒物质的过程。在大多数场合，这一过程更多地涉及生物对污染物的降解作用，包括特定的好氧和厌氧降解过程。目前，比较成熟的生物修复技术包括：①异位生物修复，主要有生物处理床技术（如生物农耕法、堆积翻耕法和生物堆腐法等）和生物反应器法（如泥浆生物反应器）两大类型。②原位生物修复，一般主要集中于对亚表层土壤生态条件进行优化，尤其是通过调节加入的无机营养或可能限制其反应速率的氧气（或诸如过氧化氢等电子受体）的供给，以促进土著微生物或外加的特异微生物对污染物质进行最大限度的生物降解。当挖取污染土壤不可能时以及泥浆生物反应器法的费用太昂贵时，原位生物修复方法的魅力是可想而知的。

五、植物修复技术

污染土壤的植物修复是指利用植物本身特有的吸收富集污染物、转化固定污染物以及通过氧化—还原或水解反应等生态化学过程，使土壤环境中的有机污染物得以降解，使重金属等无机污染物被固定脱毒；与此同时，还利用植物根际圈特殊的生态条件加速土壤微生物生长，显著提高根际微环境中微生物的生物量和潜能，从而提高对土壤有机污染物的分解作用的能力，以及利用某些植物特殊的积累与固定能力去除土壤中某些无机污染物的能力。

许多研究者把植物修复划归生物修复技术的一种。近 20 年的研究证明，环境污染可部分通过植物修复技术解决，这是因为一些植物具有很强的积累和转化毒性物质的能力。植物修复在对重金属和有机污染物的处理上，已显示出其较为明显的有效性。作为创造现代生物技术的基础，它尚有广阔的发掘空间。精心制作“绿色过滤膜”可以安全、有效地保护环境，清洁污染土壤及地下水。

六、水泥/石灰固化修复技术

采用固定/固化过程来消除有害物质或污染土壤中的污染物是一类基于经验的方法，其是否成功，通常取决于是否选择了与污染物进行特定混合作用的束缚剂以及土壤类型。水泥作为束缚剂使用，已有若干年的实践，其基本原理是土壤中的污染物与水泥中的硅酸钙或羟基硅铝酸钙等固定而形成低溶解度的化合物，使污染物得以固定。这一过程可以经受多种化学作用如 pH 变化以及硝酸等强氧化剂的存在。但是，如果存在硼酸盐和硫酸盐等无机污染物以及大量有机污染物，污染物的固定时间和强度会受到不良影响。

有效的束缚剂还包括石灰、飞灰（飘尘）和可溶性硅酸盐等。特别是石灰，有研究表明，可以利用其中所含的氧化钙有效地固定矿物油污染的土壤。其基本过程是，氧化钙与水之间的放热反应形成氢氧化钙。

$$CaO + H_2O \longrightarrow Ca(OH)_2 + 热$$

该反应热使反应物产生热膨胀导致反应物的表面积增大，致使污染物被束缚到固态的氢氧化钙“矩阵”中。有时，上述这几种束缚剂成一定比例进行混合，再用于污染土壤修复。火山灰也是一种有效的束缚剂，这些物质含有活性硅或铝，在水作用下与石灰反应形成稳定的化合物，从而对土壤中的污染物起到束缚作用。

七、玻璃化修复技术

污染土壤的玻璃化（vitrification）修复通常为异位修复过程，是指利用热能或高温使污染土壤融化而形成玻璃产品或玻璃状的物质。在这一过程中，当给予污染土壤固体组分 1400～2100℃的高温大约 10h 的处理后，其中的有机污染物被燃烧降解或挥发，一些无机化合物（如硝酸盐、碳酸盐和硫酸盐）也通过挥发或通过热解而消失于土壤中，重金属等无机污染物则被永久性地固定于玻璃状的土壤固体成分中。

八、电动力学修复技术

原位电修复（in-situ electro-remediation）是指使用低能级的直流电流（A/m^2）穿过污染的土壤，通过电化学和电动力学的复合作用而去除土壤中污染物的过程。它一般由电源、AC/DC 转换器和插入污染土壤中的两个电极所组成。

田间和实验室研究均表明，这一技术对大部分无机污染物污染土壤的修复是适用的。对低浓度的酚、乙酸、苯、甲苯、二甲苯污染土壤的治理，这一技术也许也是适用的。这一技术与表面活性剂配合使用，对于去除不溶性、非极性有机污染物的污染，有良好的效果。不仅如此，在荷兰对电修复技术的研究还进入了现场示范阶段。

第二章　污染场地调查评估原则与实践

第一节　国内外污染场地调查评估的进展概况

调查（investigate），是通过一种手段、方式来了解或者熟悉所想知道的事情或者东西。评估（appraisal），即评价和估量。污染场地，虽然没有确切的定义，但我们理解为受不同程度污染的土地（土壤），现在一般使用污染场地，或场地这个概念。

为了保障人们的健康安全和生态环境安全，需要对受不同程度污染的土地进行治理，使受污染土壤中的污染物浓度降低到对健康和生态安全的范围之内。这就是污染土壤修复的最终目标和主要内涵所在。在这一过程中，首先是对受不同程度污染的土地（土壤）进行调查，搞清某个具体场地内污染物的种类、特性、含量、分布等，根据污染物的特性和相关政府对这些污染物控制允许的标准，评价和估量某个具体场地内污染物存在的环境风险。在评价结论的基础上，确定是否需要进行修复。如果需要修复，相关责任主体要根据区域环境特点，当地政府环境控制目标和经济技术水平来制订出具体的修复方案。方案实施后，由相应的环保技术监管部门对其进行验收监测，以检验其修复效果，如尚未达到方案选定的环境目标，环保管理部门有权要求责任主体继续进行修复，直至达到环境目标。在这一过程中，存在着调查、评估、修复和效果检验四个基本环节。调查是整个工作的开端，也是所有技术工作的基础，修复是实现环境目标的关键，因此，本书重点研究这两个环节的技术。

污染土壤修复标准必须结合现有的各种环境保护法规，具体体现一个国家的经济实力、政府对环境保护工作的力度和全体公民对环境保护的认识水平与自觉程度。

一、国内现有环境法规

从 1972 年到现在，中国一直对环境立法给予极大的关注和重视。在建立的各种法规体系中，以环境立法进展最快。可以认为，经过近 30 多年各方面的艰苦努力，一个符合中国基本国情的环境法规体系已经形成。截至 2001 年 4 月，中国共制定环境保护标准 439 项，其中国家标准 365 项，行业标准 74 项。其中，1998 年修订的《中华人民共和国土地管理法》和《中华人民共和国土地管理法实施条例》 为土地资源的保护和土壤污染防治提供了法律基础；2000 年 3 月 20 日颁布的《中华人民共和国水污染防治法实施细则》则为水污染防治提供法规依据，它们也是建立污染土壤修复标准的法律基础。

尤其值得一提的是，中国为贯彻《中华人民共和国环境保护法》，防止土壤污染，保护生态环境，保障农林生产，维护人体健康，还于 1995 年制定了土壤环境质量标准（GB 15618—1995）。该标准按土壤应用功能、保护目标和土壤主要性质，把土壤环境质量划分为三类：Ⅰ类主要适用于国家规定的自然保护区（原有背景重金属含量高的除外）、集中式生活饮用水源地、茶园、牧场和其他保护地区的土壤，土壤质量基本保持在自然背景水平；Ⅱ类主要适用于一般农田、蔬菜地、茶园、果园、牧场等土壤，土壤质量基本上对植物和环境不造成危害和污染；Ⅲ类主要适用于林地土壤及污染物容量较大的高背景值土壤和矿产附近等地的农田土壤（蔬菜地除外），土壤质量基本上对植物和环境不造成危害和污染。与此同时，规定了土壤环境中污染物的最高允许浓度指标值及相应的监测方法。应该说，该标准在一定程度上可以作为我国农田、蔬菜地、茶园、果园、牧场、林地、自然保护区等地污染土壤的修复标准。或者说，土壤环境中污染物的最高允许浓度指标值可以作为污染土壤修复的参照标准，尽管该土壤环境质量标准存在许多严重不足，特别是有许多重要的土壤污染物并没有被涉及，有些标准值并没有得到相应的验证，还需要进行进一步研究加以确认或校正。

众所周知，当进入到土壤环境中的污染物达到一定数量时，首先会通过各种迁移、淋溶过程污染地下水甚至会迁移进入作为饮用水的地表水中。为了防止污染土壤对地下水特别是对饮用水的污染，必须采取必要的修复手段和技术措施对污染土壤进行修复，使污染的土壤至少不至于构成对地下水和饮用水的污染。中国为保护和合理开发地下水资源，防止和控制地下水污染，保障人民身体健康，促进经济建设，已制定了地下水质量标准（GB/T 14848—93）。该标准于 1993 年 12 月 30 日由国家技术监督局批准，1994 年 10 月 1 日正式实施。在该标准中，依据中国地下水水质现状、人体健康基准值及地下水质量保护目标，并参照了生活饮用水、工业、农业用水水质最高要求，将地下水质量划分为五类：Ⅰ类主要反映地下水化学组分的天然低背景含量，适用于各种用途；Ⅱ类主要反映地下水化学组分的天然背景含量，适用于各种用途；Ⅲ类以人体健康基准值为依据，主要适用于集中式生活饮用水水源及工、农业用水；Ⅳ类以农业和工业用水要求为依据，除适用于农业和部分工业用水外，适当处理后可做生活饮用水；Ⅴ类不宜饮用。其他用水可根据使用目的选用。该标准中关于中国地下水质量分类指标的具体数值和限量，可以作为中国污染土壤及地下水修复时参考。

在中国广大乡村地区，尤其是在农村，地下水常常作为生活饮用水使用。二十多年前，甚至在北京，也开采地下水作为生活饮用水。为了保证广大农村地区污染土壤修复后不影响地下水的饮用，生活饮用水卫生标准应该作为地下水是否污染的衡量标准和法规依据。也就是说，当农村地区污染土壤经过修复后地下水水质达到了生活饮用水卫生标准，可以认为，污染土壤修复达到了法规可调控的清洁水平。中国生活饮用水卫生标准中有关生活饮用水水质常规检验项目及限值、非常规检验项目及限值和饮用水源水中有害物质的限值，对于特定条件下污染土壤及地下水修复标准的确立，具有重要的现实意义。

二、国外和一些国际组织有关环境法规

作为世界上经济实力最为强大的美国，依据国家法规与指导准则确立的清洁水平已经对土壤和地下水中污染物的可接受水平进行了规定。这些国家法规与指导准则包括《安全饮用水法》和《有毒物质控制法》。正如 1986 年美国在修订《安全饮用水法》时，公众要求环境保护局对人体健康有不良影响并在公共供水系统中有可能出现的污染物确立最大污染水平目标（MCLG）。尽管 MCLG 是不可强制执行的目标，但能够表征人们非期望的对人体健康有不良效应的污染水平。其中，对于那些非致癌性污染物质，可根据饮用水等价水平（DWEL）对其 MCLG 值进行确定，而 DWEL，是在假设成人体重 70kg、每日暴露于污染物假设只来自饮用水暴露的基础上，通过乘以参照剂量（RfD）、除以每天耗水量计算而得。通常，由于由饮用水暴露占总暴露的 20%，即所谓的污染源相对暴露贡献（RSC）。在这种情况下，MCLG 则应该由 DWEL 乘以 RSC 这个系数计算而得，即

$$\mathrm{MCLG}=\mathrm{DWEL}\times \mathrm{RSC} \tag{2-1}$$

对于那些具有致癌效应的污染物，美国国家环境保护局把它分成 3 大类型，其中把第Ⅰ大类污染物的 MCLG 值设为 0。

在美国，《安全饮用水法》还促使其环境保护局制定了《国家主要饮用水管理规定》。在该管理规定中所包含的各种标准，是根据污染物最大浓度水平（MCL）或特定的处理技术确立的。MCL 值的确定，应该尽量与 MCLG 相一致。为了保

证饮用水的供给遵循 MCL，《国家主要饮用水管理规定》包括监测、分析和质量保证等条例。每一污染物 MCL 值的确立，必须建立在去除污染的各种技术性能、实验室以现有的分析方法对污染物能够准确而快速地实施测定的能力以及利用这些技术的耗费进行全面评估的基础之上。对于非致癌污染物的 MCL，通常是根据 MCLG 而确立的；对于具有致癌效应污染物的 MCL，由于通常受到分析检出水平的限制，在数值上则往往大于其相应的 MCLG。总之，MCL 的确立，应该充分体现对人体健康的保护。美国国家环境保护局制定的饮用水标准，则采用了 MCL 和 MCLG 对地下水中无机污染物和有机污染物进行了规定，其目的是为了防止污染土壤修复后构成对地下水的污染。

世界卫生组织（WHO）制定的《饮用水水质标准》，极为详尽、具体，其内容包括饮用水中的细菌质量、饮用水中对健康有影响的化学物质、饮用水中常见的对健康影响不大的化学物质的浓度、饮用水中放射性组分和饮用水中含有的能引起用户不满的物质及其参数，对其均做了有关规定和严格限制。欧洲共同体理事会关于生活饮用水水质的条例（98/83/EEC）则由微生物学参数、化学物质参数、指示参数和放射性参数 4 个部分组成。这些法定的限制值，对于中国污染土壤其地下水修复是否达到了法规可调控的清洁水平，特别是对于防止污染土壤修复后构成对地下水的污染具有指导性意义。

在美国，对于燃烧炉和工业炉中废弃物燃烧与处理过程产生的非金属残留物污染土壤，要求非金属污染物在土壤中的残留浓度在经过修复后不应超出以健康为基础所确立的水平。为了防止土壤污染，全面禁止未经处理的有害废弃物直接进行土地处置，也是非常必要的安全措施。也就是说，在有害废弃物进行土地处理前，必须采用诸如稳定化等特定的材料或技术对废弃物进行前处理；或者当废弃物中有毒污染物的含量并不高于所允许的浓度，例如镉的土地处置限制标准为 0.066 mg/L，当以镉为主要污染组分的废弃物中镉浓度水平低于该限制值时，可以考虑土地处理该废弃物。

1993 年，美国国家环境保护局引入了“通用处理标准”的概念。它指出，不论有害废弃物的某一组成如何，该概念适用于各个污染组分。对于非污水类型（如污染土壤）和污水类型（如污染地下水），这一标准的适用性是有差别的。

原则上，以健康为依据的清洁标准有两类：一般类型健康风险标准和污染点专性健康风险标准。相应地，其评价方法学有暴露评价和毒性评估两种。其中，人体对某一污染物的暴露程度可以采用化学摄入情况进行表示，暴露特定方式对化学摄入产生重要影响。在已知的某一污染点上，生物体常常有若干暴露方式，其中以生活源暴露和工业源暴露最为常见。在同一暴露方式中，有不同的暴露途径，例如，污染源、污染路径和释放机制。环境介质中化学摄取量（P）可以根据生物体整个暴露期间某一介质中污染物的浓度、接触速率、暴露频率、暴露持续时间、体重和平均时间等进行计算。由于污染物的毒性是致癌性和身体组织毒性的函数，致癌性采用癌斜率因子（CSF）的值来表示，身体组织毒性采用 RfD 进行表示。就每一暴露方式，致癌人体健康风险（Ψ_c）的计算公式为

$$\Psi_c = P \cdot \mathrm{CSF} \tag{2-2}$$

而非致癌风险（Ψ_n）为

$$\Psi_n = P \cdot \mathrm{RfD} \tag{2-3}$$

在计算癌风险时，对于同一污染物来说，污染土壤某一暴露途径（如吸入）与另一暴露途径（如口入）之间的斜率因子大体上是不相同的。同样，对于同一污染物来说，污染土壤某一暴露途径（如吸入）与另一暴露途径（如口入）之间的 RfD 值大体上也是不相同的。鉴于此，1990 年，在美国国家环境保护局建议的修改法案下，在其中一个建议中，引入了称之为“污染土壤与地下水中污染物处置极限”的修改标准。就致癌物质来说，处置极限表示由于持续不变的终身暴露产生百万分之一的超上限终身癌风险的污染物浓度水平，并考虑发生致癌作用生物体的总体重。对于身体组织中污染物的处置极限，则是指在终身暴露期间人群每日暴露不会导致相当可观的健康损害效应的污染物浓度水平。

在一般类型人体健康风险标准中，通过采用通常适用于各污染现场的标准化假设，使得风险方程的参数值得以默认。以健康为依据的风险，应该严格按照毒理学研究结果来进行计算。在计算过程中，不应考虑诸如检出极限等其他非毒理学因素。这些称为基于人体健康指导水平（HBGL）的标准，是建立在居住与非居住土地利用基础上的，而且只以土壤中污染物的口入暴露途径数量为依据进行计算。

三、国外一些发达国家的土壤基准与标准

从总体上来看，土壤环境基准的研究和土壤环境标准的建立工作，大大滞后于大气、水环境基准的研究和大气、水环境标准的建立工作。这是因为，土壤历来被认为是生活废弃物及各种毒物堆积和处理的场所，是一个“大垃圾箱”。这种传统的认识和偏见，束缚着人们正确认识土壤环境问题。再说，土壤环境污染对人体健康的影响相对于水和大气环境污染对人体健康的影响是间接的、潜在的，因而也容易使人们从主观上忽视土壤环境问题，影响了土壤环境基准的研究和相

应标准制定工作的开展。

从世界范围来看，1968 年前苏联制定的土壤环境质量标准，可能是世界上最早的国家土壤环境标准。以后，随着土壤环境污染问题的逐渐暴露，西欧一些国家也逐渐开展了土壤环境质量基准的研究和标准的制定。相应地，荷兰、英国、丹麦、法国、瑞典等一些国家则先后颁布了自己国家的土壤环境标准。从地区来讲，西欧是全世界至今为止对土壤环境保护最为重视的地区。相比较而言，对于人口密度较大而国土面积较小的国家，一般都十分重视土壤环境的保护，如日本等国家也有自己的土壤环境质量标准。现重点介绍前苏联和荷兰的土壤环境质量标准。

（一）苏联及俄罗斯的土壤环境标准体系

随着日本骨痛病的发生，土壤污染的控制被提到了议事日程上。苏联对此问题非常重视，在经过比较全面的研究后，制定了一个由多种有机污染物和重金属在内的土壤污染物控制标准（表 2-1）。

表 2-1 苏联土壤中污染物控制标准

参数	最大允许浓度/（mg/kg）
砷	15.0
铬（Ⅵ）	0.05
锑	4.5
锰	1500
钒	150
锰+钒	1 000+100
聚氯蒎烯	0.5
有效态镍	5
有效态硝态氮（NO_3^-）	130
过磷酸石灰（P_2O_5）	200
苯并[*a*]芘	0.02

与此同时，苏联还开创性地制定了农业土壤中农药含量的最高允许标准（表 2-2），并设立了土壤中农药的“大体容许浓度”标准。这个大体容许标准，是根据计算值制定的，它是一种临时性的标准。俄罗斯在评价农业土壤的农药污染时，需采用“最高容许浓度”和“大体容许浓度”两个体系。

表 2-2 苏联土壤中某些农药的卫生标准[1)]

参数	最高允许量/（mg/kg）	参数	最高允许量/（mg/kg）
DDT	1.0	扑草净	0.5
六六六	1.0	敌稗	1.2
丙体六六六	1.0	基洛尔	0.5
西维因	0.05	代森锌	1.8
毒秀定	0.05	杀虫畏	1.4
敌百虫	0.5	毒杀芬	0.5
马拉硫磷	2.0	三氯杀螨醇	1.0
氯丹	0.05		

1）苏联保健部批准。

尤其是他们按照土壤流行病学指标、土壤有害化学物质污染指标、土壤放射性物质污染指标和土壤自净指标，把土壤污染程度划分为“清洁土壤”、“轻污染土壤”、“污染土壤”和“重污染土壤”4 种类型。以此为依据，相应地把土壤卫生状况划分为“无危险”、“相对无危险”、“危险”和“严重危险”4 类。

（二）荷兰的土壤质量目标值与调解值

1994 年 5 月 9 日，荷兰终止使用其“A-B-C”土壤和地下水基准值，而采用了新的土壤标准-调解值，对土壤、污泥和地下水的“严重污染”进行识别，以表明什么时候、什么条件下必须对污染土壤进行修复。

这些新的调解值是基于人体健康风险和生态毒理风险研究结果和有关数据而确立的，比以往的“C 值”更具有其防御功能，适用于典型花园区（面积 7m×7m，深 0.5m）或较小面积区（体积 100 m^3 地下水）化学污染物的平均浓度限制。当考虑到土壤类型的变化，尤其是当土壤有机质和黏粒含量不同时，则需要采用“土壤校正因子”进行校正。但是，对于毒理学特性变化极为明显的单一污染物如除草剂，该组污染物质并没有设立调解值。荷兰政府还承认，尽管某些污染物没有高出他们所制定的调解值，但如果这些污染物的迁移能力非常强，也被认为是生态危害的条件，土壤或地下水受到了严重污染。

表 2-3 列出了荷兰标准土壤（指有机质含量为 10%、黏粒含量为 25%的土壤）污染物的目标与调解值。其中，目标值主要用于指示土壤与地下水并不受到污染，代表了国家最终的土壤质量目标，而不是污染土壤的清洁标准。以往所用的“B 值”，即用于考察土壤和地下水是否发生污染的值，现在由目标值与调解值之和的平均值所取代；如果某污染物没有设立目标值，那么为调解值的 1/2，可以说，这一数值是污染土壤修复的标准。

表 2-3　荷兰标准土壤污染物的目标与调解值

物质分类	污染物	土壤/沉积物/（mg/kg 干重）		地下水/（μg/L）	
		目标值（最优值）	调解值（行动值）	目标值（最优值）	调解值（行动值）
金属	砷	29	55	10	60
	钡	200	625	50	625
	镉	0.8	12	0.4	6
	铬	100	380	1	30
	钴	20	240	20	100
	铜	36	190	15	75
	汞	0.3	10	0.05	0.3
	铅	85	530	15	75
	钼	10	200	5	300
	镍	35	210	15	75
	锌	140	720	65	800
无机物质	氰化物（游离）	1	20	5	1 500
	氰化物（pH＜5）[1)]	5	650	10	1 500
	氰化物（pH≥5）	5	50	10	1 500
	硫氰酸盐（总和）			20	1 500
芳香物质	苯	0.05（检出极限）	2	0.2	30
	乙基苯	0.05（检出极限）	50	0.2	150
	酚	0.05（检出极限）	40	0.2	2 000
	甲酚		5（检出极限）	—	200
多环芳烃[11)]	甲苯	0.05（检出极限）	130	0.2	1 000
	二甲苯	0.05（检出极限）	25	0.2	70
	儿茶酚	—	20	—	1 250
	间苯二酚	—	10	—	600
	氢醌	—	10	—	800
	PAHs（总和）[2)]	1	40	—	—
	萘			0.1	70
	蒽			0.02	5
	菲			0.02	5
	荧蒽			0.005	1
	苯并[*a*]蒽			0.002	0.5
	䓛			0.002	0.05
	苯并[*a*]芘			0.001	0.05
	苯并[*g,h,i*]苝			0.002	0.05
	苯并[*k*]荧蒽			0.001	0.05
	茚并[1,2,3-*cd*]芘			0.0004	0.05

物质分类	污染物	土壤/沉积物/（mg/kg 干重）		地下水/（μg/L）	
		目标值（最优值）	调解值（行动值）	目标值（最优值）	调解值（行动值）
含氯烃类[11]	1,2-二氯乙烷		4	0.01（检出极限）	400
	二氯甲烷	（检出极限）	20	0.01（检出极限）	1000
	四氯甲烷	0.001	1	0.01（检出极限）	10
	四氯乙烷	0.01	4	0.01（检出极限）	40
	三氯甲烷	0.001	10	0.01（检出极限）	400
	三氯乙烷	0.001	60	0.01（检出极限）	500
	氯乙烯		0.1		0.7
	氯苯（总和）[3]		30		—
	单氯苯	（检出极限）	—	0.01（检出极限）	180
	二氯苯	0.01	—	0.01（检出极限）	50
	三氯苯（总和）	0.01	—	0.01（检出极限）	10
	四氯苯（总和）	0.01	—	0.01（检出极限）	2.5
	五氯苯	0.0025	—	0.01（检出极限）	1
	六氯苯	0.0025	—	0.01（检出极限）	0.5
	氯酚（总和）[4]		10		—
	单氯酚（总和）	0.0025	—	0.25	100
	二氯酚（总和）	0.003	—	0.08	30
	三氯酚（总和）	0.001	—	0.025	10
	四氯酚（总和）	0.001	—	0.01	10
	五氯酚	0.002	5	0.02	3
	氯萘		10		6
	PCBs[5]	0.02	1	0.01（检出极限）	0.01
农药	DDT/DDE/DDD[6]	0.025	4	（检出极限）	0.01
	艾氏剂（总和）[7]		4		0.1
	艾氏剂	0.025		（检出极限）	
	狄氏剂	0.025		0.00002	
	异狄氏剂	0.001		（检出极限）	
其他污染物	HCH（总和）[8]		2		1
	α-HCH	0.0025		（检出极限）	
	β-HCH	0.001		（检出极限）	
	γ-HCH	0.00005			0.0002
	西维因		5	0.01（检出极限）	0.1
	羰基呋喃		2	0.01（检出极限）	0.1
	代森锰		35	（检出极限）	0.1

物质分类	污染物	土壤/沉积物/（mg/kg 干重）		地下水/（μg/L）	
		目标值（最优值）	调解值（行动值）	目标值（最优值）	调解值（行动值）
其他污染物	阿特拉津	0.00005	6	0.0075	150
	环己酮	0.1	270	0.5	15000
	酞酸酯 9)	0.1	60	0.5	5
	矿物油 10)	50	5 000	50	600
	嘧啶	0.1	1	0.5	3
	苯乙烯	0.1	100	0.5	300
	四氢呋喃	0.1	0.4	0.5	1
	四氢噻吩	0.1	90	0.5	30

1）酸度：pH（0.01 mol/L $CaCl_2$），90%概率的测定值为小于 5。

2）在数值上等于萘、蒽、菲、荧蒽、苯并[*a*]蒽、䓛、苯并[*a*]芘、苯并[*g,h,i*]苝、苯并[*k*]荧蒽和茚并[1,2,3-*cd*]芘的浓度之和。

3）在数值上等于单氯苯、二氯苯、三氯苯、四氯苯、五氯苯和六氯苯的浓度之和。

4）在数值上等于单氯酚、二氯酚、三氯酚、四氯酚和五氯酚的浓度之和。

5）在数值上等于多氯联苯 28、52、101、118、138 和 180 的浓度之和，但目标值并不包括多氯联苯 118。

6）等于 DDT、DDD 和 DDE 浓度之和。

7）在数值上等于艾氏剂、狄氏剂和异狄氏剂的浓度之和。

8）在数值上等于α-HCH、β-HCH、γ-HCH 和δ-HCH 的浓度之和。

9）所有酞酸酯浓度之和。

10）指所有直链和支链烷烃浓度总和，以免汽油和加热油受到污染，芳香烃和多环芳烃也不得不需要进行测定，以减去这部分的浓度。

11）土壤/沉积物中多环芳烃、氯酚和氯苯的总和参数，也与所有该类化合物的总浓度相等；以免只有一种污染物被涉及，给出的值为该化合物的调解值；对于两种或多种污染物，采用浓度总和的方法；当土壤/沉积物中这些污染物之间存在加合效应，例如 lmg 物质 A 的效应等于 1mg 物质 B 的效应，这时才可以采用对同一类化合物浓度进行相加的方法代表其总和参数。

对于重金属污染物，目标值与调解值主要取决于土壤黏粒含量或机械组成以及土壤有机质含量高低，表 2-3 中的标准应该经过式（2-4）和式（2-5）进行校正：

$$I_b = I_s \frac{(A + B\%\text{黏粒}/\text{粉砂粒} + C\%\text{有机质})}{A + 25B + 10C} \tag{2-4}$$

$$I_b = I_s \frac{(\text{有机质}\%)}{10} \tag{2-5}$$

式中：I_b 为特定土壤的调解值；I_s 为标准土壤的调解值；*A*、*B* 和 *C* 分别为化合物因变常数（表 2-4）。

表 2-4 荷兰土壤标准中重金属的化合物因变常数

重金属	A	B	C
砷	15	0.4	0.4
钡	30	5	0
镉	0.4	0.007	0.021
铬	50	2	0
钴	2	0.28	0
铜	15	0.6	0.6
汞	0.2	0.0034	0.0017
铅	50	1	1
钼	1	0	0
镍	10	1	0
锌	50	3	1.5

第二节 污染场地环境调查的基本原则和工作程序

一、污染场地环境调查的基本原则和工作程序

（一）基本原则

1. 针对性原则

根据场地的特征，开展有针对性的调查，为场地的环境管理提供依据。

2. 规范性原则

采用程序化和系统化的方式规范场地环境调查的行为，保证调查过程的科学性和客观性。

3. 可操作性原则

综合考虑调查方法、时间、经费等客观条件，使调查过程切实可行。

（二）工作程序

场地环境调查可分为三个阶段，调查的工作程序如图 2-1 所示。

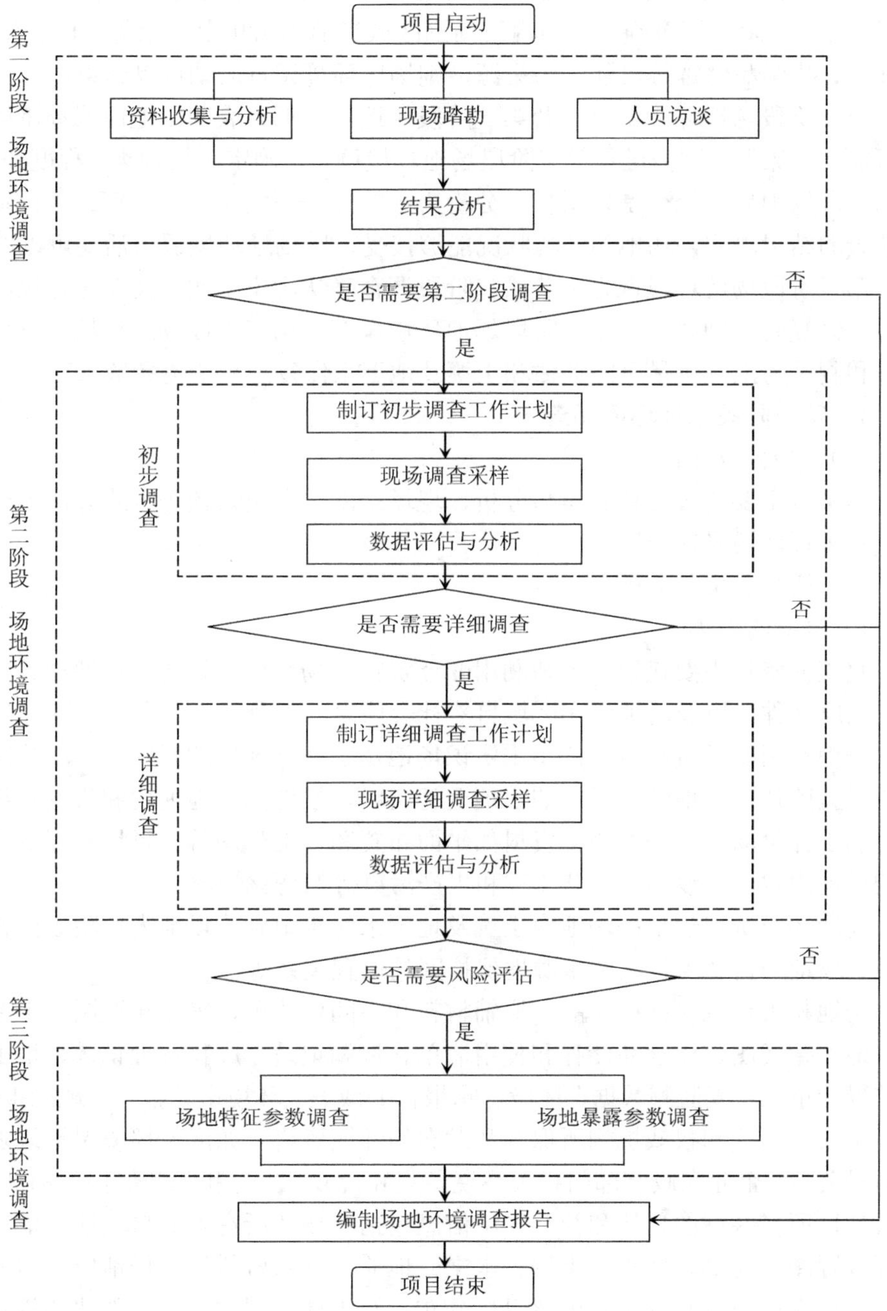

图 2-1　场地环境调查的工作内容与程序

第一阶段场地环境调查。以资料收集、现场踏勘和人员访谈为主的污染识别阶段。若第一阶段调查确认场地内及周围区域当前和历史上均无化工厂、农药厂、加油站、化学品储罐等可能的污染源，则场地环境调查活动可以结束。

第二阶段场地环境调查。若第一阶段场地环境调查表明场地内或周围区域存在可能的污染源，则需进行第二阶段场地环境调查，确定污染种类、程度和范围。第二阶段场地环境调查是以采样与分析为主的污染证实阶段。若第二阶段场地环境调查的结果表明，场地的环境状况能够接受，则场地环境调查活动可以结束。

第三阶段场地环境调查。若第二阶段调查确认污染事实，需要进行风险评估或污染修复时，则要进行第三阶段场地环境调查。第三阶段场地环境调查以补充采样和测试为主，满足风险评估和土壤及地下水修复过程所需参数。

1. 第一阶段场地环境调查

（1）主要工作内容

本阶段主要通过资料收集与分析、现场踏勘、人员访谈等方式开展调查，原则上不进行现场采样分析。

（2）资料收集与分析

1）资料的收集

收集的资料主要包括：场地利用变迁资料、场地环境资料、场地相关记录、有关政府文件，以及场地所在区域自然社会信息5部分。

场地利用变迁资料包括：用来辨识场地及其邻近区域的开发及活动状况的航片或卫星照片，土地管理机构的土地登记资料，场地的土地使用和规划资料，其他有助于评价场地污染的历史资料如平面布置图、地形图等。场地利用变迁过程中的场地内建筑、设施、工艺流程和生产污染等的变化情况。

场地环境资料包括：场地内土壤及地下水污染记录、场地内危险废弃物堆放记录、场地与自然保护区和水源地保护区的位置关系等。

场地相关记录包括：产品、原辅材料和中间体清单、平面布置图、工艺流程图、地下管线图、化学品储存和使用清单、泄漏记录、废物管理记录、地上和地下储罐清单、环境监测数据、环境影响报告书或表、环境审计报告、地勘报告等。

由政府机关和权威机构所保存和发布的环境资料，如区域环境保护规划、环境质量公告、企业在政府部门相关环境备案和批复、生态和水源保护区和规划等。

场地所在区域的自然和社会经济信息包括：场地所在地的自然地理信息，如地理位置图、地形、地貌、土壤、水文、地质、气象资料等；场地所在地的社会信息，如人口密度和分布，敏感目标分布，及土地利用的历史、现状和规划等；区域所在地的经济现状和发展规划等。

当场地与邻近地区存在相互污染的可能时，须调查邻近地区的相关记录和资料。

2）资料的分析

调查人员应根据专业知识和经验识别资料中的错误和不合理的信息，如资料缺失影响判断场地污染状况时，应在报告中说明。资料收集应注意资料的有效性，避免取得错误或过时的资料。

（3）现场踏勘

1）安全防护准备

在现场踏勘前，调查人员应根据场地的具体情况掌握相应的安全卫生防护知识，并装备必要的防护用品。

2）现场踏勘的范围

以场地内为主，并应包括场地周边区域，在勘查场地时，除非受环境或障碍物所阻碍，或其他无法克服的原因，应尽可能勘查场地的设施、建筑物、构筑物，如罐、槽、沟等，同时观察是否有敏感目标存在，并在报告中说明。

3）现场踏勘的主要内容

现场踏勘的主要内容包括：场地的现状，场地历史，相邻场地的现状，相邻场地的历史情况，周围区域的现状与历史情况，地质、水文地质、地形的描述，建筑物、构筑物、设施或设备的描述。

4）场地的现状：可能造成土壤和地下水污染的物质的使用、生产、贮存或处理以及泄漏状况，都应观察和记录。

5）场地历史：场地过去使用留下的任何迹象及可能造成土壤和地下水污染的物质的使用、生产、贮存、处理应观察和记录。

6）相邻场地的现状和历史情况：相邻场地的使用现况及可能存在的污染应尽可能观察和记录。相邻场地利用历史及造成土壤和地下水污染的可能性，应尽可能观察和记录。

7）周围区域的现状与历史情况：对于周围区域目前或过去土地利用的类型，如住宅、商店、工厂等，应尽可能观察和记录；周围区域的废弃和正在使用的各类井，如水井等；污水处理和排放系统；化学品和废弃物的储存和处置设施；地面上的沟/河/池；地表水体、雨水排放和径流及道路和公用设施都应识别和描述。

8）地质、水文地质、地形的描述：场地及其周围区域的地质、水文地质与地形应观察、记录，并加以分析，以协助判断周边污染物是否会迁移到调查场地，以及场地内污染物是否会迁移到地下水和场地外。

9）现场踏勘的重点

一般重点踏勘对象包括：有毒有害物质的使用、处理、储存、处置或生产，储槽与管线，恶臭、化学品味道和刺激性气味，污染和腐蚀的遗迹，各种储罐与容器，排水管与污水池或其他地表水，废弃物，井，污水系统，其他可供评价场地状态的对象。

10）现场踏勘的方法

调查人员可通过对异常气味的辨识、异常痕迹的观察等方式判断场地污染的状况。

（4）人员访谈

1）访谈内容

应包括资料分析和现场踏勘所涉及的问题，由调查人员提前准备设计。

2）访谈对象

受访者为场地现状或历史的知情人，应包括：场地管理机构和地方政府的官员，环境保护行政主管部门的官员，场地过去和现在的不同阶段使用者，场地所在地或熟悉当地事物的第三方，如邻近场地的工作人员、过去的雇员和附近的居民。

3）访谈方法

可采取座谈会、当面交流、电话交流、电子或书面调查表等方式进行。

4）内容整理

应对访谈内容进行整理，并对照已有资料，对其中可疑处和不完善处进行再次核实和补充。

2．第二阶段场地环境调查

（1）工作程序

第二阶段场地环境调查通常可以分为初步调查和详细调查两步分别进行，均包括制订工作计划、现场调查采样、数据评估和结果分析等步骤。

1）初步调查

在第一阶段场地环境调查的基础上布设采样点，进行采样分析，按照GB 15618和有关土壤环境质量评价技术规范来判断土壤污染是否超标；按照GB/T 14848，采用单因子指数评价法判断地下水污染是否超标。如均未超标，则第二阶段场地环境调查工作可以结束；如超标，则须进行详细调查。

2）详细调查

在初步调查的基础上，进一步加密采样和分析，确定污染物的浓度水平、空间分布、迁移状况等详细情况。初步调查和详细调查不一定在一次采样分析中完成，可根据实际情况分批次实施，逐渐减少调查的不确定性。

（2）初步调查工作计划

调查人员应根据前期收集的资料和信息或第一阶段场地环境调查结论制订工作计划，计划包括核查已有信息、判断污染物的可能分布、制订采样方案、健康和安全、检测方案、质量保证和质量控制程序等主要任务。

1）核查已有信息

对已有信息进行核查，从而识别场地及其周边的环境状况，包括：核查那些构成第二阶段场地环境调查中重要的环境信息，如：土壤和地下水；查阅污染物在土壤、地下水、地表水或者场地周围环境的可能分布和迁移信息；查阅污染物排放和泄漏的信息。应核查上述信息的来源，以确保其真实性和适用性。

2）判断污染物的可能分布

通过场地的具体情况、场地内外的污染源、污染物的迁移和转换等因素判断场地污染物在土壤和地下水中的可能分布，为采样方案制订提供依据。

3）制订采样方案

采样方案一般包括：拟定的采样位置；现场采样和检测方法；拟定的样品数；采样过程的描述；样品收集、保存、运输的要求。

采样点水平方向的布设参照表 2-5 进行，并应说明采样点布设的理由。地下水采样点的布设应考虑地下水的流向及含水层的透水性能等水文地质条件，一般应沿地下水流向布设，并在上游布设对照点，线形污染源应在污染源两侧布点。除了规范建设和管理的监测井，场地内和附近已有的地下水井取得的水样数据只能作为调查的参考。

表 2-5 几种常见的布点方法及适用条件

布点方法	适用条件
简单随机布点法	适用于污染分布均匀的场地
专业判断法	适用于潜在污染明确的场地
分区布点法	适用于污染分布不均匀，并获得污染分布情况的场地
系统布点法	适用于各类场地情况，特别是污染分布不明确或污染分布范围大的情况。可以获得污染分布。但其精度受到网格间距大小影响，一般费用较高

采样点垂直方向的采样深度可根据污染源的位置、迁移和地层结构、水文地质等进行判断设置。若对场地信息了解不足，难以合理判断采样深度，可按 0.5～2 m 等间距设置采样深度。

一般情况下，应在调查场地附近选择背景点或对照点。

制订安全防护计划。根据有关的法律法规和工作现场的实际情况制订场地调查人员的健康和安全防护计划，建立应急计划和响应程序。

制订检测方案。检测项目应该包含样品中可能含有的污染物质，一般检测项目应按照第一阶段调查结果设置，但可适当扩大检测项目范围，以减少不确定性。工业场地可选择的检测项目有：重金属、氰化物、石棉、挥发性有机物（VOCs）、半挥发性有机物（SVOCs）、总石油烃（TPH）、多环芳烃（PAHs）、多氯联苯（PCBs）、有机氯农药、有机磷农药等。检测方法应根据国家相关技术标准确定。检测方法的检出限应低于或等于相关标准限值。

质量保证和质量控制。现场质量保证和质量控制措施应包括：制定防止样品污染的程序，运输空白样分析，现场重复样分析，采样设备清洗空白样分析，采样介质对分析结果影响分析，以及样品保存方式和时间对分析结果的影响分析等。实验室分析质量保证和质量控制要求的具体要求见 HJ/T 164 和 HJ/T 166。

（3）详细调查工作计划

在初步调查的基础上进行详细调查采样。详细调查工作计划主要包括下列内容：初步调查工作计划和结果进行分析和评估；采样方案；检测方案等。

初步调查结果的分析和评估。分析初步调查取得的场地信息，主要包括土壤类型、水文地质条件、现场和实验室检测数据等；初步确定污染种类、程度和空间分布；评估初步调查的质量保证和质量控制。

制订采样方案。根据初步调查结果，结合场地分区，制订采样方案。应采用系统布点法加密布设采样点。

制订检测方案。根据初步调查结果，制订检测方案。应以场地特征污染物检测为主。

调整其他方案。详细调查工作计划中的其他内容可参照初步调查工作计划制订。应对初步调查中出现问题的方案和程序等进行调整。

（4）现场调查采样

调查和采样前的准备。现场调查和采样应准备的材料和设备包括：定位仪器；现场探测设备；监测井的建井材料；土壤和地下水取样设备；样品的保存装置；安全防护装备等。

定位和探测。采样前，需采用卷尺、GPS 卫星定位仪、经纬仪和水准仪等工具在现场确定采样点的具体位置和地面标高，并在图中标出。采用金属探测器和探地雷达等设备探测地下障碍物，确保采样位置避开地下电缆、管线、沟、槽等地下障碍物。

现场检测。可采用现场快速检测设备进行定性或半定量分析，初步判断场地污染物及其分布，指导样品采集及监测井布设。

1）土壤样品的采集

土壤样品分表层土和深层土。表层土的采样深度在 0～0.3 m。深层土的采样深度应考虑污染物可能释放的深度（如地下管线和储槽埋深）、污染物性质、土壤的质地和孔隙度、地下水位和回填土等因素。挥发性和部分半挥发性有机物的采样深度可利用现场探测设备辅助判断。

根据场地的实际情况选择合适的采样设备，包括人力钻探设备（螺旋取土器、洛阳铲等）和机械钻探设备（冲击钻、液压钻和螺旋钻等）。取原状土样时，需根据土壤类型和污染物理化性质等选用劈管采样器、薄壁采样器、套管采样器或活塞采样器等。

采集含挥发性污染物的样品时，应尽量减少对样品的扰动，禁止对样品进行混合或均质化处理。

土壤样品采集后，应根据污染物理化性质等，选用合适的容器保存。有机污染土壤样品应在 4℃的温度条件下保存和运输。

采样时应对采样过程进行书面记录，主要内容包括：样品名称和编号；气象条件；采样时间；采样位置；采样深度；样品的颜色、气味、质地等；现场检测结果；采样人员等。

2）地下水水样采集

地下水采样一般应建地下水监测井。监测井的建设过程分为设计、钻孔、过滤管和井管的选择和安装、滤料的选择和装填，以及封闭和固定等。监测井的建设可参照 HJ/T 164 中的有关要求。所用的设备和材料应清洗除污，建设结束后需及时进行洗井。

应采集代表性水样。采样前，应充分抽汲洗井，抽汲水量一般不得少于井内水体积的 3 倍。待电导率、浊度、温度等水质参数稳定后再进行采样。

高密度非水溶性有机物采样位置应在含水层底部和不透水层的顶部，低密度非水溶性有机物采样位置应在含水层的顶部。

洗井和采样时应采用慢速汲取，避免监测井水位大幅度下降，防止挥发性有机物的损失和金属离子的氧化。

监测井建设记录和采样记录的要求参照 HJ/T 164。样品保存、容器和采样体积的要求参照 HJ/T 164 附录 A。

其他注意事项。应采取质量保证和质量控制措施，避免采样设备及外部环境等因素污染样品。采取必要措施避免污染物在环境中扩散。

样品追踪管理。应建立完整的样品追踪管理程序，内容包括样品的保存、运输、交接等过程的书面记录和责任归属，避免样品被错误放置、混淆及保存过期。

（5）数据评估和结果分析

实验室检测分析。应委托经计量认证合格或国家认可委员会认可的实验室进行样品检测分析。

数据评估。应对场地调查信息和检测结果进行整理，评估检测数据的质量，分析数据的有效性和充分性，确定是否需要补充采样分析等。

结果分析。应根据场地内土壤和地下水检测结果，确定场地污染物种类、浓度水平和空间分布。绘制表示污染物的水平和垂直分布及迁移的剖面图。

3．第三阶段场地环境调查

（1）主要工作内容

主要工作内容包括场地特征参数和受体暴露参数的调查。

调查场地特征参数。场地特征参数包括：不同代表位置和土层或选定土层的土壤粒径分布、土壤容重、孔隙度、有机碳含量、渗透性等影响污染物迁移、转化的有关参数；以及详细的地下水补给和排泄情况、水力传导系数、水力坡降、氧化还原性以及微生物种类和密度等参数、场地所在地气象、水文地质特征等参数，如年平均风速、地层结构等。

调查受体暴露参数。受体暴露参数包括：敏感人群结构（年龄、体重情况等），通过各种介质暴露的时间、频率、周期、速率等。

（2）调查方法

对场地特征参数和受体暴露参数的调查可采用资料查询、数据库检索、现场实测和实验室分析测试等方法。

（3）结论

该阶段所获得结论，可以数据报告形式，直接提供给风险评估和污染修复使用。

4．报告编制

第一阶段和第二阶段场地环境调查应编制调查报告，第三阶段不作要求。

（1）第一阶段场地环境调查报告编制

报告内容和格式。应对第一阶段调查过程和结果进行分析、总结和评价。内容主要包括场地环境调查的概述、场地的描述、资料分析、现场踏勘、人员访谈、结果和分析、调查结论与建议、附件等。

结论和建议。调查结论应尽量明确场地内及临近地区有无可能的污染源，若有可能的污染源，应说明可能的污染类型、污染状况和来源。应提出是否需要第二阶段场地环境调查的建议。

不确定性分析。报告应列出调查过程中遇到的限制条件和欠缺的信息，及对调查工作和结果的影响。

（2）第二阶段场地环境调查报告编制

报告内容和格式。应对第二阶段调查过程和结果进行分析、总结和评价。内容主要包括工作计划、现场调查采样方法和程序、数据评估和结果分析、结论和建议、附件。

结论和建议：结论和建议中应明确场地的污染类型、浓度分布、空间分布等特征。可以建议进一步的场地环境管理措施和实施方案。

不确定性分析：报告应说明第二阶段场地环境调查与计划的工作内容的偏差以及限制条件对结论的影响。

第三节　污染场地调查评估的实践

进入 21 世纪以来，宁波市先后对投入商住开发的原宁波化工厂、原宁波化纤厂、原江东化工区等 60 多万 m^2 的污染场地进行了调查评估，其中 10 万 m^2 已得到修复和开发。现以占地面积 48.44 万 m^2 的宁波原江东化工区和占地面积 2.9 万 m^2 的原宁波制药厂为例，介绍我们的调查评估工作。

一、概况

（一）污染场地概况

宁波原江东化工区位于宁波市江东区江东北路西侧，部分地块位于江东北路南侧，是 1958 年在甬江沿岸的荒郊兴建的，沿江东北路从宁波有机化工厂至宁波橡胶厂，总占地面积 48.44 万 m^2，包括宁波农药厂、宁波硫酸厂、宁波塑料厂、宁波橡胶厂、宁波电化厂、化工研究设计院等 8 家企事业单位，共有职工 4200 名。主要生产氯碱、农药、硫酸、染料、橡塑制品等。

宁波制药厂是 1959 年 9 月将宁波微生物厂（原颗粒肥料厂）并入后，正式将厂址搬迁到该地块（现在的北郊路 151 号），占地 2.90 hm^2。该地块东临姚江，南面范江岸路。2001 年，全厂职工 341 名，固定资产 5708 万元，年产原料药和成品药 10 多种，产值 6000 多万元。

随着城市规模的扩大，原江东化工区和原宁波制药厂实际上已处在城市的包围之中，需整体搬迁改造该地块以提高城市品味，营造富有现代气息的城市空间。

（二）污染场地评估工作概况

随着新的城市总体规划的实施，原位于城市核心区域的工业企业相继完成了腾笼换业。工业企业搬迁后留出的场地将调整为商住用地。按照 2004 年 6 月 1 日，国家环保总局发出的《关于切实做好企业搬迁过程中环境污染防治工作的通知》精神，结合宁波实际，宁波市环保局发了《关于加快做好市区化工企业搬迁过程中环境污染防治工作的通知》（甬环发[2005]29 号）。两个通知出台后，原江东化工区场地的业主单位宁波城建控股投资有限公司和原宁波制药厂场地的业主单位宁波大红鹰药业股份有限公司分别委托我中心对该场地进行污染现状评估。我中心受委托后，成立了由站长牵头，总工程师具体负责的课题组，编写了课题的工作大纲，大纲经国内 5 位专家评审后实施。同时，邀请了具有国内一流技术水准的北京（清华）永新环保有限公司和上海 SGS 公司，作为本课题的技术支撑单位，合作承担这一难度很大、风险很高的污染技术评估项目。评估报告送审稿出来后，由宁波市环保局主持，邀请国内专家对报告进行了评审，被专家认为“课题指标的全面性、研究方法、技术手段等方面达到了国内领先水平。”2007 年 6 月，邀请荷兰环保署土壤污染评估与修复专家 Mr.R.F.J.Karrenbeld 来我中心交流研讨，他对我们的评估工作给予了充分肯定。

二、原有企业污染情况调查

摸清原有企业情况，充分准确地掌握原有企业信息，是监测布点、项目选择的基础。

（一）原有企业基本信息

包括原有企业的地址、法定名称、法人代表，中心经纬度，职工人数，建厂历史等；原有企业所在地的地质情况，规划用途，环境功能，周围有无敏感性建筑物等。

（二）原有企业生产情况

包括主导产品品种、数量，其他产品情况；原材料品种、数量、产地；中间体品种、数量；原料、产品及中间体的毒性或危险性。

（三）原有企业布局

平面图，包括各车间、办公楼、实验室、污水站、仓库、废物堆场等；原料、产品、水、电、气及污水管线的分布及路线走向。

（四）原有企业污染状况

污染物的种类、数量、状态及产生工段，排放去向，企业污染物排放在当地的排名。如，我们对宁波江东化工场地进行调查前，我们根据《宁波市污染物排放申报登记技术报告》（宁波市环保局，1998 年），查到了农药厂、硫酸厂、电化厂等 10 多家原有企业的污水、废气及其污染物的排名情况，对这些企业的污染情况有了一个初步的认识。原企业曾经发生的事故及处置情况。

（五）原有企业布局的现场指认

请原企业的领导或老职工到现场，对原企业的布局及排污情况进行指认。

（六）我们的实践体会

由于企业经历了多次变迁，产权往往不是十分明晰，或者存在产权纠纷，导致环保责任不能及时落实。原企业干部职工走散多年，调查历史情况或现场指认企业布局困难。资料散失不全，很难了解原企业的全貌。现场被破坏得面目全非，或沟壑或壕堑，调查人员要“上刀山下火海”。我们在调查中好几个人被钢筋戳穿皮鞋，玻璃划破皮肤。

三、监测点位的确定

（一）监测点位确定的依据

主要依据是《土壤环境监测技术规范》（HJ/T 166—2004）、《地下水环境监测技术规范》（HJ/T 164—2004）、《全国土壤污染状况调查点位布设技术规定》、同时参考了《Handbook of suggested practices for the design and installation of ground-water monitoring wells》。

（二）监测点位的设立

1．总点位数的确定

按《全国土壤污染状况调查点位布设技术规定》规定，布点网格基本要求为 50 m×50 m，总面积除以 50 m×50 m 得出总点位数。根据我们实践，50 m×50 m 的网格太小，总点位数太多，工作量和企业的经济负担太重。我们根据原企业的性质和当时的排污情况，将企业分成两类，一类是农药、化工等污染较重企业，采用的网格为 60 m×60 m；另一类是塑料制品等污染较轻的企业，采用的网格为70 m×70 m。农药厂等个别污染特别重的地方再加密布点，而化工区宿舍只设 1 个土壤点。地下水监测点位总数控制在土壤点的二分之一左右。

2. 具体点位的落实

总点位数确定后，要落实到具体的采样点位，一般在原有企业的生产车间布设 1～3 个土壤点，其中至少 1 个点位增加地下水测点，每个土壤点同时也是放射性测点。根据这个原则，在宁波江东化工区 48.44 万 m^2 场地中共布设土壤监测点 116 个，地下水监测点 50 个，放射性监测点 116 个。

3. 背景点的设立

每个企业至少布设 1 个对照点（或企业背景点），一般选择企业的花坛、操场、空旷地布点。整个区域背景点的设立应选择在荒地、山坡地等受人为活动影响较少的区域，不能选择农田、耕地，因为这些区域受农药化肥的影响日益增加，影响监测结果；也可沿用“七五”期间或“十一五”期间的土壤污染普查的背景点。地下水的背景点可沿用地勘部门在评估区域布设的背景点，如果没有现存点位，则应按《地下水环境监测技术规范》规定的原则布设 1 个背景点。

（三）监测点位数的调整

随着现场评估调查工作的深入，可能会发现一些新的污染区域，点位要加密或调整；或者由于评估经费的变化点位需要重新调整。

四、监测项目的确定

（一）监测项目选择的原则

1. 通用监测项目

国家标准《土壤环境质量标准》（GB 15618—1995），《地下水质量标准》（GB/T 14848—1993）规定的项目是必须监测项目。

2. 企业特征项目

国标中虽未作规定，但在原企业的产品、原料、中间体中含有的项目，作为特征项目，也是必须监测的项目。

3. 地方性特征项目

主要是指区域土壤和地下水背景中高含量的重金属、矿物质元素，也是必须监测的项目。

（二）监测项目的调整

监测项目确定后，随着评估工作的深入、修复技术的变化以及评估修复经费的变化而有所调整。

（三）我们的实践体会

我们在项目的选择过程中经历了反复比较论证。起初，由于国内缺乏针对商住用地的土壤标准，我们选择了《工业企业土壤环境质量风险评价基准》（HJ/T 25—1999）规定的项目作为监测项目，这一标准值比较宽松，这样一来场地业主很高兴。但在工作大纲论证中，管理部门和有关专家不同意，认为该场地的环境风险太大，不能用工业用地标准来评价商住用地。后来我们鉴于国内没有针对商住用途的标准，征得业主同意，监测项目确定的原则是：一是《土壤环境质量标准》（GB 15618—1995）、《地下水质量标准》（GB/T 14848—1993）规定的所有项目；二是原有企业的特征项目；三是美国 EPA 优先控制的 129 种有机物。这样既遵照现有国家标准，又针对场地评估的实际需要选择国际通用的评估项目。这些指标不仅涵盖了《全国土壤污染状况调查》中的必测项目和选测项目，也涵盖了《工业企业土壤环境质量风险评价基准》（HJ/T 25—1999）中的所有 89 个项目，在指标体系上做到与国际接轨。

五、监测分析技术

《全国土壤污染状况调查点位布设技术规定》对样品的采集和保存、运输、分析有相关规定，但对于污染场地而言，样品的采集方法不能完全适用。由于《全国土壤污染状况调查点位布设技术规定》中规定土壤样品是在 0～1.2 m 之间采集，但污染场地受污染的深度往往超过这个范围。我们在实际监测中，将土壤样品的采集深度，从 0～1.2 m 扩大到 0～3 m。《全国土壤污染状况调查总体方案》中有地下水调查要求，但没有具体采样方法介绍。《地下水环境监测技术规范》（HJ/T 164—2004）规定的监测井是用于区域地下水系水质变化的，过于宏观；污染场地设置的地下水监测点，目的主要是监测地下潜水层受污染的程度；潜水层一般在地下 0～15 m。因此，我们在实际监测中，参考了《Handbook of suggested practices for the design and installation of ground-water monitoring wells》，根据宁波的地质状况，实际采样在 10～12 m。

（一）土壤钻孔和样品采集

所有的钻孔全部属于现场钻探。为防止样品交叉污染，在第一个钻孔开钻之前和钻孔之后，对所有钻探工具进行清洗。

钻孔使用三角架螺旋钻钻探完成。29 个土壤钻孔深度为地下 2m，25 个钻孔深为地下 10～12m。所有土壤样品均用光离子化检测仪（PID 检测仪）对挥发性有机物蒸汽压进行了检测。土壤采样期间，现场工作人员均使用新的一次性橡胶手套。

在每次土壤样品采集完成后，立即填写监管单。同时，在土壤样品的容器上标识出日期、钻孔编号、项目名称、采集时间以及要分析的项目。然后，将样品冷藏保存在塞满了冰块的冷藏箱中（大约为 4℃），然后通过快递公司送至 SGS 实验室（上海）进行化学分析。快递之前，样品放于冰箱中保存。

（二）监测井安装和地下水采样

1. 水井安装

钻孔深度由现场工程师根据钻孔中初见地下水位进行确定。因为各钻孔初见地下水位主要分布在地下 6.0～9.0m，钻孔最大深度确定为地下 10～12m，比钻孔过程中的初见水位低 3.0～4.5m。

在井管下放钻井后，滤料投放在井壁和水管外侧之间的环形空间内。为了防止上层区域的水进入水井，石英砂滤料上面填充厚度为 0.2m 的斑脱土层，并在斑脱土层上面直到地面的位置填充斑脱土和水泥构成的水泥浆，以密封地下水监测井。最后安装带锁的钢护管并在水井四周筑建井台，最终完成成井工作。

在选择滤水管和盲水管的时候，需要特别注意的是：如果污染场地中含有有机物、重金属时，尽量选用对被测组分无影响的材质，防止管材中的物质溶解到井内地下水中，避免影响最终监测结果。

2. 洗井

监测水井通过洗井过程去除细颗粒物质并促进与监测区域之间的水力连通。洗井过程中使用专门的惯性泵。在洗井期间，要确定洗井容积，确保从井中洗出水量大于 5 倍井容积的地下水。对于取出的每个井容积的地下水，要进行 pH 值和温度的现场测试。洗井需持续到取出的水不混浊，细微土壤颗粒不再进入水井；洗出的每个井容积水的 pH 值和温度连续三次的测量值误差需小于 10%，才完成洗井工作。在完成洗井至少 24h 后，才进行地下水采样。

3. 地下水采样

地下水采样之前，为了确保水样能代表井中滤水管周围的地下水，必须抽出井中滞留的水。使用专门的取水器进行洗井，从水井中洗出约 30L（3 倍水井容量）的水。为了防止瀑布效应，洗井速度不能太快，以维持水位不高于滤水管的顶部。对于取出的每个井容积的地下水，要进行 pH 值和温度的现场测试和比较，以确保取样之前这些参数是稳定的。

4. 水井勘察

在水样采集完毕后，对监测井位置进行水平勘测，并将监测井位置标示在地图上。采用基于电导机理的水位仪测量井中的地下水位。

（三）样品监管单（COC）、分析项目和方法

样品监管程序为跟踪样品从现场采样到实验室分析提供一种准确的书面记录。样品监管记录用来记录样品和分析要求。现场人员在样品监管单记录的信息包括数据、采样时间、样品号、容器数量、分析参数等。

所有采集的样品（土壤和地下水）马上送我中心实验室或通过快递送至上海 SGS 实验室，并分析如下参数。

按照 U.S. E.P.A. 200.8 分析方法，分析美国环保署优先污染物清单上的金属；

按照 U.S. E.P.A. 8260 分析方法，分析挥发性有机物（VOCs）和总石油烃（TPH）；

按照 U.S. E.P.A. 8270 分析方法，分析半挥发性有机物（SVOCs）、可挥发酚和多氯联苯（PCBs）；

按照 U.S. E.P.A. 8141 分析方法，分析有机磷农药（OPP）；

按照 U.S. E.P.A. 8081 分析方法，分析有机氯农药（OCP）；

按照 GB 7486—1987 分析方法，分析总氰化物。

除以上分析项目外，土壤放射性样品分析了总α和总β放射性比活度和地下水样品分析了总α和总β放射性比活度，由浙江省辐射监测中心站完成。

六、评估指标体系的确立与评估结论的校验

（一）评价标准

1. 中国土壤环境质量标准描述

土壤环境质量标准（GB 15618—1995）属于中国政府颁布的强制执行标准。标准定义了土壤中以下金属的最大允许浓度（镉、汞、砷、铜、铅、铬、锌和镍）

和六六六（BHC）、滴滴涕（DDT）的浓度，GB 15618—1995 中按照土壤的不同使用功能定义了三个等级土壤标准，适用的不同情况如下：

一级标准用于自然生态保护区，包括自然保护区和饮用水源地区。

二级标准用于保护农业地区和人类健康，适用于农田、牧区和草场。

三级标准定义了作物生长的临界标准，适用于矿山附近的农田、牧区和草地。

根据宁波市的总体规划，评估项目地处三江片，该地块的现状和将来都不可能作为“自然保护区和饮用水源地区”及“农田、牧区和草场”使用，故采用三级标准评价。

2．中国地下水质量标准（GB/T 14848—1993）

为了保护人体身心健康，地下水质量标准（GB/T 14848—1993）根据地下水的不同用途划分了五级标准。不同的质量标准相应适用于不同的使用功能。

Ⅰ级标准适用于自然界中低背景化学成分的地下水。此类地下水适用于各类用途。

Ⅱ级标准代表自然界中一般背景化学成分的地下水。此类地下水适用于各类用途。

Ⅲ级标准适用于集中式生活饮用水水源的地下水，工农业用水，它规定了基于人体健康的基准。

Ⅳ级标准适用于工业和农业用途的地下水，达到Ⅳ级标准的地下水可经过预处理后用于饮用用途。

Ⅴ级标准规定了用于饮用用途地下水的临界标准。超过Ⅴ级标准的地下水不得用于饮用用途。

我们采用Ⅳ级标准进行评价。

3．国际标准

（1）荷兰标准

荷兰环境部于 1994 年发布了关于土壤和地下水修复限值的标准，并于 1997 年和 2000 年分别进行了修订。这个标准在国际上被广泛认同，并用于比较和评价污染是否存在的依据。

荷兰导则规定了二类标准，即目标值和受到污染的干扰值。导则为土壤和地下水污染治理的迫切程度和治理需达到的最低限值提供了测量规范和参数。

目标值代表环境质量水平为“干净”，可实现土壤和地下水的所有功能。干扰值代表环境质量水平处于功能性质严重削弱的状况，若达到该值的受影响总量在土壤/沉积物中超过 25 m^3，或者在地下水中超过 100 m^3，则需要进行污染治理。

（2）美国迈阿密-戴德郡清除标准

美国佛罗里达大学环境与人体毒理学中心于 2000 年 10 月向佛罗里达州迈阿密-戴德郡环境管理部提供了一份技术报告，报告中阐述了迈阿密-戴德郡清除标准的计算方法并提供了 395 种水污染物和 350 种土壤污染物的清除标准值。其中，地下水清除标准以迈阿密-戴德郡法典为依据，考虑人体对各污染物的感官体验及各污染物对人体造成的健康风险等因素而制定；土壤清除标准以迈阿密-戴德郡法典为依据，按土壤类型或土壤修复后再用的目的分为居住用地和工商业用地两类，考虑土壤直接暴露、迁移至地下水、迁移至地表水及迁移至海洋四种情况下各污染物的浓度限值。

我们优先使用国家标准，其次参考荷兰标准，对地下水及土壤的污染情况进行评价。但由于检出污染物较多，部分污染物的标准在国家标准和荷兰标准中都没有做出规定，因此，对于这部分物质的污染情况评价参考美国迈阿密-戴德郡的清除标准。又由于该地块规划为居住用地，因此，在对土壤的污染进行评价时，参考居住用地直接暴露情况下的标准。

（二）评估结论

Ⅰ号场地的 5#点 5m 处的锌仍然超过国标三级和荷兰干扰值，但低于美国 PRGs 标准；12m 处的锌超过国标三级，但低于荷兰干扰值。因此，建议对 5#点以 12m 为半径，深度为 3m，进行处置修复。

36#点在大约以 20 m×40m 的地下 1m 深处，有一个厚度在 0.20～0.30m 的回填矿渣层，颜色为红褐色，经分析，其铜锌含量分别为 3.7×10^3 mg/kg、2.3×10^4 mg/kg。因此，建议对以 36#点为中心 20 m×40m 范围，深度为 1.2～1.3m 的回填矿渣层进行处置修复。

Ⅱ号地块的主要污染物质是有机物。有机物的主要种类有苯、甲苯、二甲苯、二硝基甲苯等 25 种；超标点位分布在 18 个监测点，7 个点的污染较严重。

（三）评估结论的校验

我们用现场异常发现、分析结果和原有企业生产情况关系分析来校验评估结果的可靠性。

例如 67＃点。现场监测所见，地下 0～1.0m 深度的土壤中有黑色的油状物，PID 读数超出量程（＞10000 ppm①），地下 2.7m、5.0m、5.8m、6.0m 和 7.0m 处

① ppm=10^{-6}。

土样 PID 读数分别为 13.5 ppm、3.9 ppm、7.1 ppm、2.0 ppm 和 0.7 ppm，直至地下 7.8 m 处土样 PID 读数降到 0.2 ppm 以下的正常水平。67#点 1 号土样（1 m 深处）苯和甲苯的检出浓度分别为 226 mg/kg 和 46.5 mg/kg。该点位于宁波农药厂北区苯回收车间附近，土壤的污染应该为苯回收车间泄漏所致，两者相吻合。

七、建立和完善我国污染场地评估体系的思考

根据我们的实践，目前我国对污染场地的评估体系尚未形成，至少是不够完善，主要体现在以下几方面。一是监测内容的设置不完善，缺乏针对性。《全国土壤污染状况调查点位布设技术规定》对污染场地中土壤监测方法作了规定，但规定不够全面，对采样的深度估计不足；对污染场地中地下水的监测虽有规定，但没有选定相应的监测方法。《地下水环境监测技术规范》（HJ/T 164—2004）虽有较详细地介绍了地下水监测井布设和安装的规范要求，但它的用途是针对区域地下水观测的，对观测污染场地这样局部区域的地下水，它的深度、安装方式都不太合适。我们建议《全国土壤污染状况调查点位布设技术规定》在现有规定的基础上深化，增加土壤和地下水监测的相关内容。二是监测项目、分析方法不够齐全。主要是土壤和地下水中有机物的监测项目太少，也没有相应的分析方法。在经济全球化趋势下，污染物也存在全球化倾向。因此，我国在完善评估体系时，要根据目前国际通行的监测项目及其分析方法，加以补充和完善。三是缺乏相应的评价标准。土壤虽有国家标准，但这个标准不是针对污染场地的，项目又少，限值也不尽合理和科学；地下水标准主要是项目太少。需要制定出项目齐全，限值科学，针对不同使用功能的土壤的污染评估标准。四是目前缺乏有效的污染场地管理办法。原国家环保总局虽有通知，各地也在制定配套的通知来落实总局通知精神。但这通知只是行业行政管理办法，没有法律地位，对企业的环境责任的落实缺乏必要的刚性约束力。应该根据各地实践的基础上，将通知精神通过一定的程序，上升为国务院条例，最起码上升为环保部的部门规章。同时，配套制定出污染场地管理办法，按原有企业的污染程度，实行分类管理。五是国家环保总局应制定出污染场地评估收费标准。按照分类管理办法，制定出不同类型的现场调查、监测项目、评价标准及其收费标准。六是实行告知或公示制度。污染场地的使用功能变化后，应采用适当方式告知公众，包括原有企业的污染情况、污染治理和修复情况、拟开发建设的功能定位等，切实保障公民的环境权益，维护社会的和谐稳定。

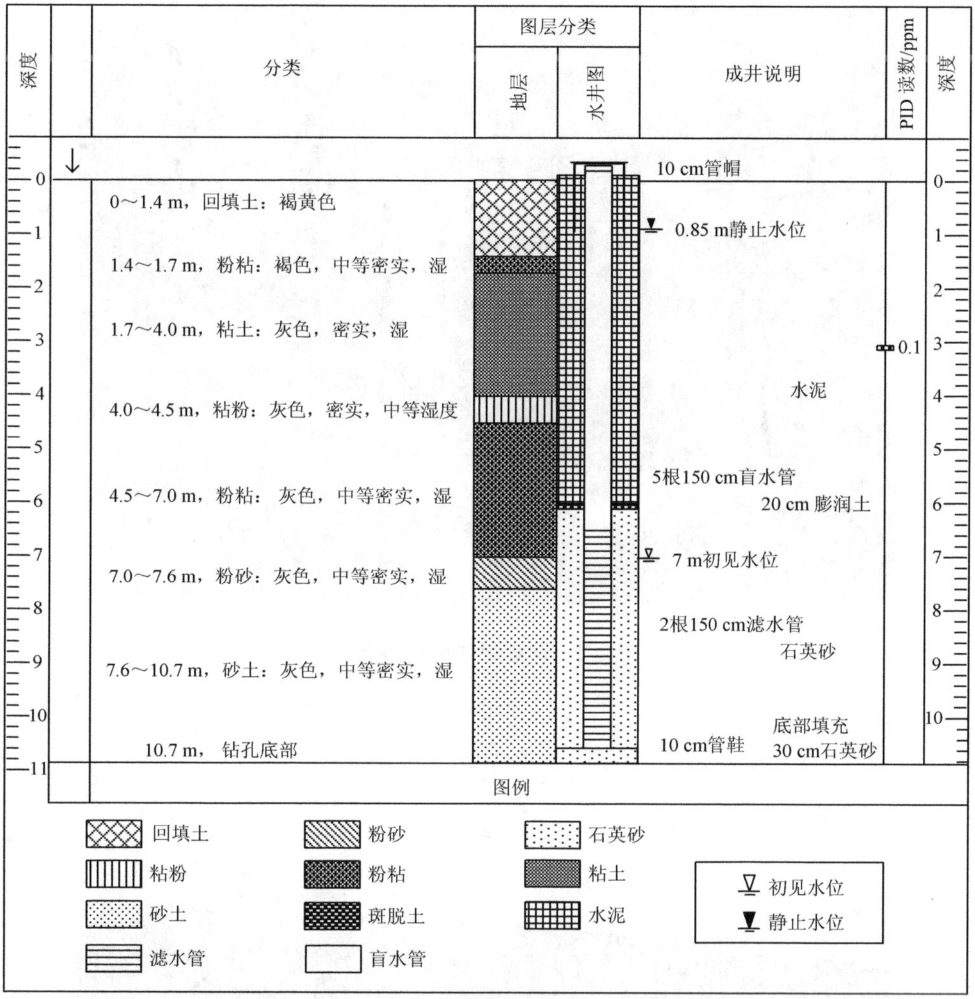

项目名称：宁波市江东地块评估　　项目编号 No：56033

记 录 人：尹雯　日期：2006.05.12.　天气：阴

水井/钻孔位置：中国宁波市江东区

钻井分包商：宁波冶金勘察研究院

钻探方法：螺旋钻、冲击钻　　钻孔直径：150mm

水井井深（0.01m）：10.42m　地下水位置（0.01m）：0.85m

参照点：水平地面

海拔（0.01m）：地面：1.97m　　井内水管：2.15m

外部套管：2.26m　　水位：1.409m

图 2-2　水井/钻孔 No.5#

图 2-3 调查评估前期协调会

图 2-4 江东化工场地一角

评估现场照片

图 2-5　钻孔

用三角架台式勘探机打出直径约 15 cm 的钻孔，并随着钻孔的深入在孔中放入套管，以防止钻孔缩径或坍塌。

图 2-6　取土壤样品

在钻孔深度达到约 3 m 时，用清洗干净的标贯器取出土壤。

图 2-7 放入井管

当钻孔深度达到含水层以下 3m，在本地区即为 10m 左右时，将钻孔内的泥浆清理干净，依次放入滤水管和盲水管。

图 2-8 加入石英砂

图 2-9 加入水泥浆

图 2-8、图 2-9 在水管和钢套管之间依次加入石英砂、膨润土和水泥浆，并将钢套管慢慢拔出。

图 2-10 成井

将井口用管套保护好，并用水泥封好。

图 2-11 测水位

将检测井清洗干净，使井水和井外含水层中的地下水保持连通，并测量水位。

图 2-12 取水样

用专用的一次性取样器取出地下水，按要求装入样品瓶。

第三章　污染场地修复方案的制订与实施

第一节　土壤修复技术的筛选

土壤修复技术（polluted soil restoration）是使遭受污染的土壤恢复正常功能的技术措施。污染物进入生态循环系统，如果超过土壤的自净作用的负荷，即形成土壤污染。土壤因吸附能力、氧化还原作用及土壤微生物分解作用，可缓解污染物所造成的危害，以上统称为土壤自净能力。土壤自净作用的机理，既是土壤环境容量的理论依据，又是选择针对土壤环境污染调控与污染修复措施的理论基础。尽管土壤环境具有多种净化作用，而且也可通过多种措施来提高土壤环境的净化能力，但其净化能力毕竟是有限的，预防土壤污染是保护土壤环境的根本措施。

一、技术分类

（一）按处置场地分

按不同的分类方法可以将土壤修复技术分成不同的类型。本书按处置场地和“源－途径－受体”两种方式分类。

按处置场地的不同，分为原位修复技术和异位修复技术。原位修复技术可以分为原位处理技术和原位控制技术。常用的原位处理技术有物理、化学和生物方法等。异位修复技术分挖掘和异位处理处置技术。异位指污染土壤被挖掘暂时或者永久离开原先的位置。异位处理处置可以在污染场地上（on-site）或异地（off-site）进行。异位处理处置技术有物理、化学和生物方法等。具体的分类见表 3-1。

（二）按“源－途径－受体”分

按照风险管理的理论，切断场地暴露模型中“源－途径－受体”之间的连接，使污染物无法进入受体，即认为污染物不会对受体产生危害风险。按照这一思路，可以按“源—途径—受体”对土壤修复技术进行分类，具体见表 3-2。

表 3-1 土壤修复技术分类表（按处置场地分）

<table>
<tr><td rowspan="2">分类
方法</td><td colspan="2">原位</td><td>异位</td></tr>
<tr><td>处理</td><td>控制</td><td>挖掘和异位处理</td></tr>
<tr><td>物理</td><td>土壤淋洗法（soil flushing）
土壤汽提（soil vapour extraction）
电动法（electrokinetics）
混合（blending）
热解吸（thermal desorption）</td><td rowspan="3">稳定/固化（stabilization/solidification）
帽封法（capping）
垂直/水平阻控系统</td><td>土壤淋洗法（soil flushing）
土壤汽提（soil vapour extraction）
电动法（electrokinetics）
混合（blending）
热解吸（thermal desorption）
稳定/固化（stabilization/solidification）
填埋（landfill）等</td></tr>
<tr><td>化学</td><td>化学氧化（chemical oxidation）</td><td>化学方法有化学氧化（chemical oxidation）
焚烧（incineration）等</td></tr>
<tr><td>生物</td><td>生物通风法（bioventing）
植物修复法（phytoremediation）
自然生物降解（monitored natural attenuation）等</td><td>生物通风法（bioventing）
植物修复法（phytoremediation）
强化生物降解（natural attenuation）
生物堆（biopile）等</td></tr>
</table>

表 3-2 土壤修复技术分类表（按暴露情景分）

源	途径	受体
生物修复（bioremediation） 植物修复（phytoremediation） 生物通风（bioventing） 自然降解（natural attenuation） 生物堆（biopile） 化学氧化（chemical oxidation） 土壤淋洗（soil flushing） 电动分离法（electrokinetic separation） 土壤汽提（soil vapour extraction） 热解吸（thermal desorption） 挖掘（excavation）等	稳定/固化（stabilization/solidification） 帽封法（capping） 垂直/水平阻控系统 其他	增加室内通风强度，引入清洁空气； 减少室内外扬尘，减少人体与粉尘的接触； 对裸土进行覆盖（草坪、水泥等），减少人体与土壤的接触； 改变土地或建筑物的使用类型（例如车间改为仓库）； 设立物障，阻隔可能的污染途径； 减少污染食品的摄入； 工作人员和其他受体迁移等

二、选择原则与筛选程序

（一）土壤修复技术的选择遵循以下原则

科学性先进性原则，综合考虑实用性、经济性、安全性、场地条件与修复要求、时效性、政策和法规等因素。

（二）土壤修复技术筛选程序（见图 3-1）

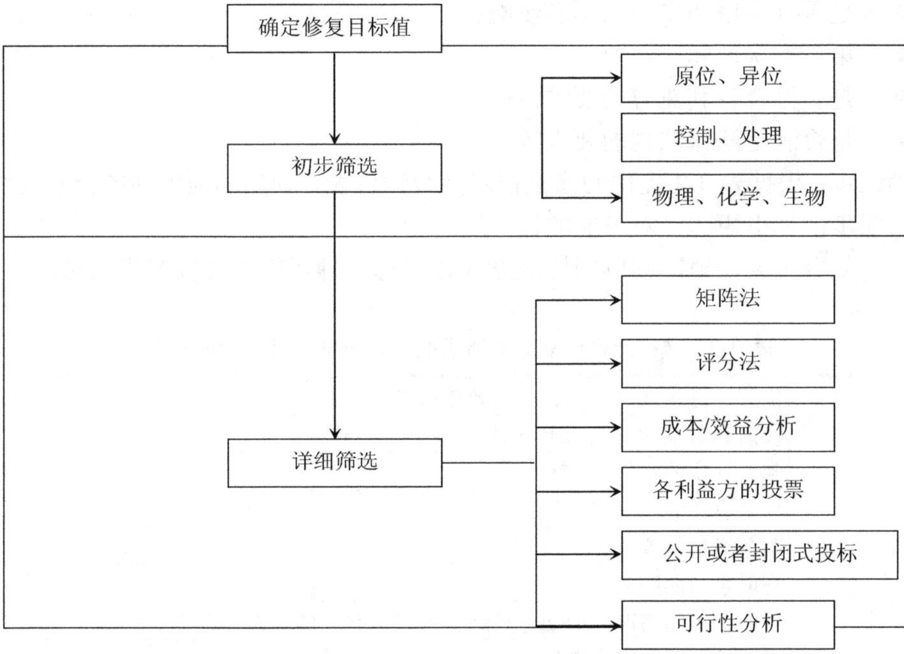

图 3-1　土壤修复技术筛选程序图

（三）筛选方法

土壤修复技术筛选方法有多种，如矩阵法、评分法、成本/效益分析、各利益方的投票、公开或者封闭式投标、可行性分析（选择以最低成本达到修复目标的技术）等。常用的是矩阵法。

矩阵法适合于土壤修复技术初选。一般分四步。

第一步：根据表 3-3 列出场地特征和污染物信息。

第二步：根据场地特征信息和污染物信息，列出初始筛选条件。常用的初始筛选条件主要包括：

- 该技术是否针对性地处理关注的目标污染物；
- 技术处理的效果、是否是成熟的技术；
- 成本/效益是否合理；

- 能否和其他技术集成使用；
- 该技术当前是否轻易获得；
- 能否在规定的时间范围内完成任务；
- 是否有环境和安全的不利影响；
- 第三方认证和监测要求；
- 是否符合各利益方的要求；
- 是否满足法律法规的要求等。

第三步：根据表 3-3 提供的修复技术参数评价表，列出场地可能的修复技术。

第四步：列出矩阵，对可能的技术进行初筛。

对于复合污染场地，则以同样的方式针对每一种污染物进行初步筛选。

表 3-3 选择土壤修复方案所需的场地特征和污染物信息

场地特征	位置、可达性、大小、所有者和边界
	以前和将来的土地利用类型
	邻近地块的特征
	场地有关的法令和其他记录
	服务设施位置
	与取水口的距离
	地面覆盖物情况，如沥青马路、水泥马路、砖头人行道等
	场地地形和周边生态环境
	和地表水体、敏感物的距离
土壤特征	土壤类型、pH、黏土矿物含量、有机质含量、粒径分布、土层深度、容重、土壤异质性
地下水特征	含水层深度、地下水流向
污染物	类型、浓度、分布
	相（在土壤胶体、孔隙水、气相中的分布）
	特征（可溶性、蒸汽压、黏性、在气/水界面的分散力、分配系数）

第二节 污染场地修复技术方案的制订

一、制订原则

（1）依据场地环境评价报告、环境保护行政主管部门审查意见、场地开发利用规划方案等设计和制订污染场地土壤修复技术方案。

（2）综合考虑经济、技术的可行性和公众的可接受程度。

二、制订程序

（一）确定工艺路线

1．根据污染复杂性，选择技术组合

如果场地是复合污染，则先根据单一污染选择修复技术，然后根据复合污染，选择多种技术的组合。

2．根据污染浓度不同，选择技术组合

高浓度阶段，一般选择物理化学的方法；低浓度阶段，一般选择生物的方法。

3．根据修复目标的可达性，选择技术组合

一种修复技术往往达不到修复目标，需要多种技术的组合。

（二）确定工艺参数

根据选择的技术组合，通过可行性试验，确定工艺参数，优化土壤修复技术方案。可行性试验的层次和参数，由各技术决定，如热解吸试验一般由三层可行性试验。

1．第一层可行性试验

第一层处理可行性试验是为了证实热解吸技术对某一土壤类型及污染物混合体的有效性。小批量的污染介质在一个静态马弗炉中，在较广的温度范围内加热，并开展较长时间的试验，以发现土壤处理的最适低温和达到污染物处理标准所需的停留时间。一般来说，第一层试验的费用大致在 8 000～30 000 美元之间。

2．第二层可行性试验

开展第二层处理可行性试验是要通过在试验条件下，模仿全方位系统操作，以少量污染土壤为研究对象，确定哪种类型的热解吸技术更合适。据估计，第二层可行性试验的费用可能在 1 万～10 万美元之间。

3．第三层可行性试验

在第三层可行性试验中，技术人员要在现场建造出整套修复设施，然后将污染土壤通过热解吸系统。这次试验的目的是要在一定程度上预测这套热解吸系统在现场操作的性能怎样，发现可能出现的问题。同时，也要验证上两次可行性试验中估算的系统参数和工程费用。考虑到第三层试验所需的时间和工程耗资（可能超过几十万美元），因此可能只在非常必要的情况下才进行。

（三）制订监测计划

参见有关场地环境监测技术导则制订污染场地土壤修复监测计划和过程监测计划。

（四）预算与成本控制

对污染场地土壤修复工程的每一步进行成本估算，分析每一部分成本的构成与比例。

（1）详细设计；

（2）修复监测和过程监测；

（3）工程实施成本；

（4）健康安全防护；

（5）二次处理的成本。

三、方案编写

土壤修复技术方案由以下几部分组成，其中选择的技术组合、修复进度表、成本-效益估算是土壤修复方案的必要组成。

（1）场地背景信息

包括自然、社会环境；污染发生的起源、法律法规的要求。

（2）场地主要调查结果

包括场地调查结果和调查结果的评估和解释。

（3）清洁目标和标准

包括技术上的要求（如修复目标）和管理上的要求（如场地大小、可操作的空间、噪声控制等）。

（4）修复技术筛选过程

由列出可能的方案、对可能方案进行比选和推荐最佳方案三部分组成。

（5）修复工程实施步骤

包括场地障碍物的拆除、相关设施的安装配套、工程施工安排和工程实施安全保障等。

（6）成本估算

（7）项目时间进度表

场地障碍物的拆除、相关设施的安装配套和工程施工等进行时间安排，使之满足各利益方、法律法规和场地后续利用的要求。

（8）监测和后评估要求

四、修复方案的优化论证

（一）优化论证的主要内容

方案的可行性论证至少包括以下内容。

（1）修复目标的合理性和可达性分析，包括污染物控制的数量、含量、分布，指标的合理性；

（2）修复技术的先进性和可达性分析；

（3）修复工程量的合理性分析；

（4）实施修复主体的技术资质和管理资历等；

（5）修复费用的合理性分析；

（6）修复过程中的监管措施和安全保障措施分析。

（二）方案论证的组织程序

按照属地管理的原则，由场地所在的环保局负责主持方案论证工作。论证会参加单位包括，业主单位代表、修复方案编制单位、方案实施单位、现场环境监管部门、环境监测单位、修复处置单位等，应该邀请有关专家组成技术组。专家组在认真听取方案编制单位的详细汇报后，对方案进行实事求是的论证，提出论证意见。环保管理部门根据专家意见，依据有关环保政策对修复方案进行批复和许可。

第三节　土壤修复工程的实施和管理

一、污染场地土壤修复工程实施的原则

（1）符合法律法规、标准；

（2）防止二次污染；

（3）保护人体健康；

（4）保护环境安全；

（5）节能减排。

二、编制施工和管理方案

污染场地土壤修复工程施工和管理方案由如下几个部分组成：

（1）场地污染土壤修复工程项目概况；

（2）修复目标；

（3）工程内容；

（4）工程质量分析和管理；

（5）工程技术分析和管理；

（6）计划进度；

（7）工程管理组织体系；

（8）经济分析；

（9）安全制度。

三、工程实施

责任人应当按照环境保护行政主管部门审查通过的污染场地土壤修复技术方案和施工方编制的施工方案，负责落实修复经费并组织工程技术单位开展场地修复工作。

施工过程如需改变原修复方案的，应提交设计方案变更报告，报环境保护行政主管部门审查同意后，方可实施。

承担修复工程的技术单位按照施工的管理方案，按时保质保量地执行污染场地土壤修复工程。

四、过程管理

污染场地修复和监理过程应建立严格的过程记录和档案管理体系，可采取多媒体、照片、文字等多种记录形式。

（一）环境过程管理

承担修复工程的技术单位应根据污染场地土壤修复工程施工管理方案，由专人负责，制定工程管理流程图，并建立完善的组织、管理体系。

（二）监理

污染场地修复过程应由具有工程监理或建设项目环境保护竣工验收资质的单位作为环境监理机构。监理的重点是修复范围的核定、修复过程中污染防治措施的实施和污染土壤处置过程的监理等过程。

（三）督查

修复方案审批的环境保护行政主管部门负责污染场地修复的监督检查，修复场地所在地的县环境保护行政主管部门负责修复过程的日常监督管理，防止二次污染。

五、工程验收和回顾性评估

（一）工程验收

修复工程结束后，应由建设项目环境保护竣工验收资质的单位作为第三方对修复工程进行验收。工程验收的目的是验证修复效果，是否引起二次污染和异位污染土壤处置跟踪管理。

制订验收监测计划和采样调查。验收监测点位常布设在挖掘点、挖掘废弃物处理点和有毒物质处置点。

在验收监测的基础上，对照土壤修复标准和国家（或地方）的法律法规，由当地环境保护主管部门认定的专业机构出具验收报告，对污染场地土壤修复工程的效果进行评价。

（二）回顾性评估

继常规土壤修复工程验收后，对于采用固化/稳定化、自然降解等修复技术的场地，一般需要进行回顾性评估，其目的是检验土壤修复工程的长期效果，其工作内容主要包括环境监测、检验与评估、环境管理等。

表 3-4　土壤修复技术特性对照表

编号	修复技术		优点	缺点	适用场合	处置成本/（元/t）
1	原位修复技术	气相抽提（SVE）	1）设备操作简单； 2）不需开挖，不破坏土壤结构； 3）兼顾地下水处理； 4）操作人员不接触污染物	1）随浓度不同，处理时间不同； 2）处置结果受土壤类型及土壤层影响较大； 3）处置结果难鉴定； 4）处置时间较长	1）挥发性有机物污染 2）不能开挖的场地	800～1 200

编号	修复技术		优点	缺点	适用场合	处置成本/（元/t）
2	原位修复技术	热电偶一抽提	1）设备操作简单； 2）不需开挖，不破坏土壤结构； 3）兼顾地下水处理； 4）操作人员不接触污染物； 5）处置速度比 SVE 快	1）随浓度不同，处理时间不同； 2）处置结果受土壤类型及土壤层影响较大； 3）处置结果难鉴定； 4）处置时间较长	1）挥发性有机物污染 2）部分半挥发性有机物污染 3）不能开挖的场地	1 000～1 400
3		生物修复	1）设备操作简单； 2）不需开挖，不破坏土壤结构； 3）操作人员不接触污染物	1）随浓度不同，处理时间不同； 2）植物或微生物有选择性，不一定能处理所有有机物； 3）处置结果难鉴定； 4）处置时间长	1）重金属污染 2）有机物污染 3）不能开挖的场地	400～800
4	异位修复技术	化学淋洗	1）设备相对简单； 2）维护相对简单； 3）对场地彻底修复； 4）大颗粒土壤可部分回填	1）需要开挖，破坏土壤结构，成本高； 2）对污染土壤要求高，黏土成分不能过高； 3）淋洗剂的针对性强	1）重金属污染 2）有机物污染	1 500～2 000
5		热脱附	1）快速、高效； 2）对土壤彻底修复； 3）最后浓缩物少； 4）处置后的土壤可视为非危险废物，回填到开挖原地或作为一般工业建设及道路基础回填土； 5）适用范围广	1）设备相对复杂，成本较高； 2）操作相对复杂，操作人员需要具有丰富的经验； 3）最后浓缩物需焚烧或填埋	1）挥发性有机物污染 2）半挥发性有机物污染 3）挥发性重金属污染	1 200～1 500
6		焚烧	1）快速、高效； 2）对土壤彻底修复； 3）最后浓缩物少； 4）适用范围广	1）设备复杂，处置成本高； 2）操作复杂，运行成本高； 3）最终飞灰等需填埋	适合各种类型污染物	3 500～4 000

第四章　污染场地修复治理实践

第一节　原宁波化工研究院场地（异位修复）

一、企业概况

原宁波化工研究设计院位于宁波江东化工区江东北路附近，占地约 10 000 m^2，自 20 世纪 60 年代起，该院曾在本地块进行以有机合成类物为主的化学试验。试验原料和产品除多种有机物外，还包括纺织助剂、造纸助剂、涂料、黏合剂、定影油和油墨等。在该院长期的试验过程中，曾经以不规范排放洗瓶液和不当填埋试验残渣等方式处理部分化学品，导致部分土壤和地下水受到污染。

二、污染调查评估

在江东化工地块搬迁过程中，宁波市环境监测中心受城投公司委托后，邀请了具有国内一流技术水准的合作伙伴，根据市环保局管理部门的要求，采用美国 EPA 方法，在 2006 年 6 月，对宁波原江东化工区 II 号地块环境污染现状进行了科学、全面、深入的调查与评估。在现场采样调查期间收集的数据和信息的基础上编制成《原江东化工区 II 地块环境污染现状调查与评估报告》。其中原宁波化工研究设计院在江东化工区 II 号地块内。

2008 年 6 月杭州大地环保公司又对原宁波化工研究设计院地块做了进一步的调查。

根据宁波市环境监测中心和杭州大地环保公司对该地块的调查与评估结果，该地块土壤中主要检出多环芳烃、苯系物、卤代烃、石油烃等污染物。

检测结果发现土壤采样点共有 5 个点位，6 个样品受到较严重的污染。其中有 3 个点位是半挥发性有机物的污染，成分为多环芳烃，分别超出荷兰土壤标准的干扰值 1.3 倍、31.5 倍、88.3 倍。有两个点位为挥发性有机物污染，成分有氯苯、二氯苯、苯、二甲苯、二氯乙烯、三氯乙烯等，分别超出荷兰土壤标准的干扰值 19.1 倍、8.6 倍。

三、土壤分类处置标准

本地块污染土壤处置以荷兰土壤环境质量标准为依据。场地清理以荷兰土壤环境质量标准中的干扰值（intervention value）为参考值，污染土壤处置以荷兰土壤环境质量标准中的目标值（target value）作为参考值。

针对超标的污染物质，现场清理中主要需控制的污染组分参考值为：

- 多环芳烃类（总量）＜40 mg/kg，
- ∑（氯苯，1,3-二氯苯，1,4-二氯苯，1,2-二氯苯）＜30 mg/kg，
- 苯＜0.2 mg/kg，
- 乙苯＜10 mg/kg，
- ∑（间，对-二甲苯，邻-二甲苯）＜5 mg/kg，
- 顺-1,2-二氯乙烯＜1 mg/kg。

土壤处置需控制的污染组分参考值为：

- 多环芳烃类（总量）＜1 mg/kg，
- ∑（氯苯，1,3-二氯苯，1,4-二氯苯，1,2-二氯苯）＜0.03 mg/kg，
- 苯＜0.01 mg/kg，
- 乙苯＜0.03 mg/kg，
- ∑（间，对-二甲苯，邻-二甲苯）＜0.1 mg/kg，
- 顺-1,2-二氯乙烯＜0.2 mg/kg。

对于污染浓度超过荷兰土壤环境干扰值的被污染土壤，根据宁波市目前已有热脱附设施的处置能力现状，结合处置过程的经济性、合理性及不同污染物的挥发特性和处置方法的特性，我们认为充分利用现有生活垃圾填埋场环境敏感性较低的特点，同时又可发挥生活垃圾填埋场自身所具有的某些生物活性功能，达到生物修复的目的。本项目中对污染土壤分类处置方案如下：

（1）对半挥发性有机物污染的土壤，如 S6，S17，S19 污染点，因其挥发性较弱，拟定超过荷兰干扰值 10 倍以上的污染土壤为高浓度污染土壤，送至热脱附处置，低于荷兰干扰值 10 倍以下视为轻度污染，送生活垃圾填埋场处置。

（2）对挥发性有机物污染的土壤，如 S10，S15 污染点，因污染物的挥发性强，对环境影响较大，拟定超过荷兰干扰值 5 倍以上的污染土壤送至热脱附处置，低于荷兰干扰值 5 倍以下送生活垃圾填埋场处置。

由以上可估算，污染场地中约 2 200 t 高浓度污染土壤采用热脱附处置，约 5 560 t 低浓度污染土壤送至生活垃圾填埋场处置。

四、对修复技术的改进

（一）热脱附处置技术

热脱附处置技术在国外已有广泛的使用，特别是 20 世纪 90 年代以后，欧洲、美国等发达国家采用热脱附技术进行土壤修复的装置比例要占 70%以上。热脱附装置可以加温到 150～540℃，可以处置挥发性、半挥发性有机物污染的土壤及挥发性的重金属（如汞）等，该技术可以将高浓度污染的土壤处置到相关土壤标准以下，可彻底解决土壤的污染问题。处置后土壤中污染物的浓度可降低 90%以上，处置后的土壤可以就近用于一般工业项目建设或道路基础回填土。本项目中采用热脱附处置的污染土壤，送至宁波大地化工环保有限公司进行处置。

1．热脱附处置单位情况

宁波大地化工环保有限公司（以下简称宁波大地）成立于 2005 年 3 月 31 日，位于宁波化学工业园区内（镇海区澥浦镇巴子山路 1 号），占地 3 万 m^2。2006 年 5 月，危险废物储存仓库建成，开展对危险废物的储存工作；2006 年 11 月，危废焚烧、溶剂回收和容器清洗修复系统投入试运行；2008 年 3 月，接收废料综合利用、活性炭再生两个子项目完成安装调试，投入试生产。

2．宁波大地热脱附装置系统简介

宁波大地公司的热脱附装置系统包括热风炉系统和热脱附器。装置的处置能力为 60～80 t/d。热风炉系统包括热风炉、供浆系统、鼓引风机、出灰装置、除尘器、脱硫装置、电气控制装置和报警系统，其中热风炉包括炉膛和换热器两部分，热风炉炉膛布置有二次风管，中部布置双层四角切向二次风管；换热器受热面由耐热钢管束组成，有充裕的受热面积。

燃料着火燃烧后产生的高温烟气与二次风混合冷却，进入换热器的对流管束后温度在 500～600℃，通过热脱附器，作为热源使污染土壤中的挥发性有机物挥发，而作为载送污染物的气体为空气，空气是有鼓风机送入热风炉，经换热达后温度约 450～500℃送入热脱附器，经除尘、洗涤、热交换后再送入热风炉焚烧，然后进入除尘脱硫等装置最后由引风机将烟气从烟囱排向大气，排放的气体污染物浓度符合《大气污染物综合排放标准》GB 16297—1996 有关要求。

其中热脱附修复系统工艺流程如图 4-1 所示。

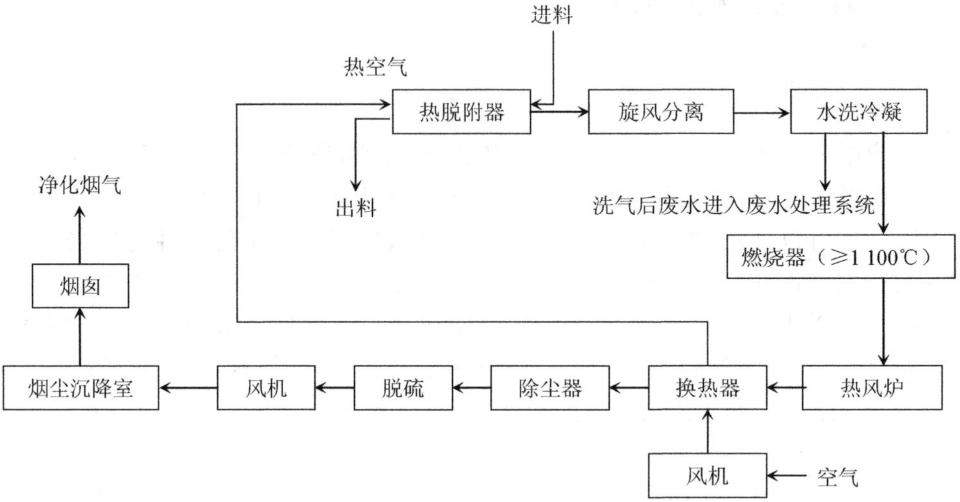

图 4-1 热脱附修复系统工艺流程图

该套系统主要设备包括：滚筒，风炉，布袋除尘器和旋风除尘器等。污染土壤随着滚筒转动进入干燥脱附阶段，热风炉里水煤浆燃烧产生高温烟气，送入换热器与空气进行热交换，为接收物料的干燥脱附提供热量，经过热交换的高温烟气通过本除尘器除尘。接收物料烘干脱附过程产生的废气通过旋风除尘器除去粉尘，粉尘送至焚烧炉焚烧处置。热脱附主要设备的照片如图 4-2 所示。

图 4-2 热脱附系统主要设备

污染土壤经过热脱附修复后 VOCs、SVOCs、OPP、PCBs、PAH 等的脱附率达到 90%～95%。本次处置的污染土壤主要污染组分是 PAH 和 SVOCs，经过热脱附处置后，PAH、苯系物等 VOCs、SVOCs 各项组分均低于相应的荷兰土壤标准目标值。处置后的土壤可用于一般工业用地填土或道路基础填土。

3．本项目对热脱附修复系统工艺的改进

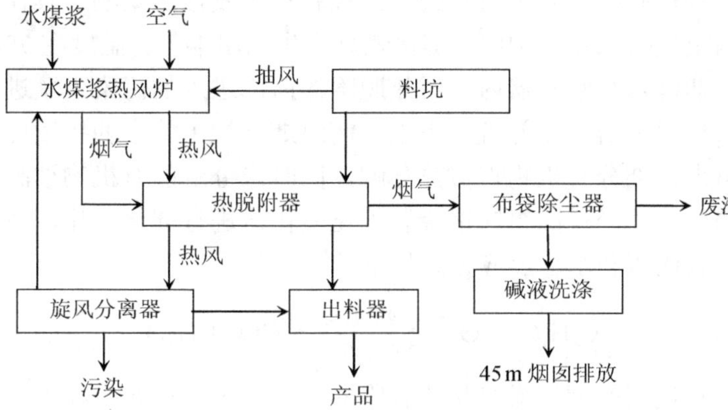

图 4-3　土壤修复工艺及污染物产出流程图（改进前）

（1）项目设备：该项目设备主要由预处理系统、供热系统、传送烘干系统、烟气净化系统和控制柜构成。

预处理系统主要是两个滚筛、输送带和循环水喷淋装置。供热系统由热风炉、换热器、引风机、鼓风机、空压机、浆泵、浆罐、油罐、储浆罐、燃烧器等构成，采用水煤浆作为燃料。传送烘干系统由抓斗、螺旋输送机、搅拌、减速机、震动电机、热脱附器等构成，热脱附主要在热脱附器里进行。烟气净化装置包括催化氧化器、布袋除尘器、脱硫罐，作用是净化排放的烟气。

（2）改进后的工艺流程（见图 4-4）。

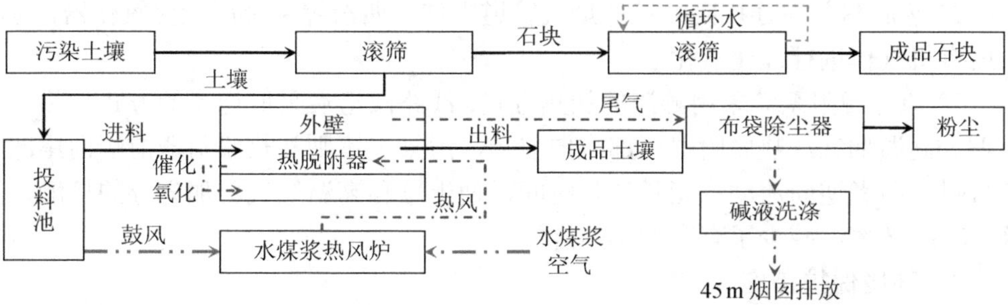

图 4-4　土壤修复工艺及污染物产出流程图（改进后）

1）仓库贮存及预处理：运送过来的污染土壤经过本公司过磅后贮存于仓库。污染土壤在仓库做好预处理：先用滚筛进行破碎过滤，去除大型石块；大型石块使用循环水进行喷淋冲洗；经过破碎过滤的土壤倒入热脱附系统的投料池中。

2）热脱附修复：投料池中的污染土壤由抓斗控制，通过螺旋输送机进入热脱附器内部，进行热脱附以除去所含的挥发性和半挥发性污染物。具体工艺如下：水煤浆和压缩空气喷入热风炉内，雾化燃烧产生高温烟气。温度在700～800℃的高温烟气从尾部进入热脱附器内，对热脱附器前部进入的污染土壤进行加热，脱附后的土壤从热脱附器的尾部直接出来。高温烟气把土壤中的挥发性及半挥发性有机物解析出来，部分有机物直接热分解，同时未分解的有机物被高温烟气载送至热脱附器的前端，经过四组镍铬金属催化氧化器进行催化氧化，载送出来的有机物分解为二氧化碳和水。反应公式如下：

$$C_xH_yO_z + O_2 \xrightarrow[300\sim400℃]{\text{成品石块}} CO_2 + H_2O$$

经过催化氧化后的烟气最终从热脱附器外壁出来，经布袋除尘、碱洗脱硫处理后达标排放。

3）修复后土壤处置：修复后的土壤经过环保监测部门对其中有机物含量进行分析检测，如达到相关标准的，用于回填；如还未达标，则返回热脱附系统重新修复，直至达标。

（3）改进后的技术指标：热风炉内温度≥1 100℃；烟气进热脱附器的温度在700～800℃；烟气从热脱附器前端出来的温度大约 350℃；烟气从热脱附器外壁出来的温度约 100℃；水煤浆消耗量为 0.25t/h；水消耗 1t/t；电消耗 300kWh/h；污染土壤水分：30%～40%；热脱附后土壤水分≤5%。

（4）改进后的优点

1）进入热脱附器的烟气温度从 500～600℃提高到 700～800℃；

2）热脱附前端连接到外壁的烟气管道中使用四组镍铬金属催化氧化器，对脱附的有机气体进行催化氧化；

3）原热脱附系统采用顺流的加热方式，线路改造后采取逆流的方式加热污染土壤。高温烟气从热脱附器尾部流向前端，污染土壤则从热脱附器前端向尾部慢慢推进，两者逆向流动以延长加热时间，使土壤和高温烟气更加充分的接触，提高热交换效率，减少了有害物质的排放。

4．环境保护措施

（1）废气。热脱附挥发的废气通过催化氧化分解处置，烟气经过布袋除尘、碱洗脱硫等处理设施后达到相关标准排放。焚烧产生的烟气经急冷、活性炭吸附、旋风分离、布袋除尘、洗涤塔洗涤后通过 45 m 烟囱排入大气。

（2）废水。土壤修复预处理时的石块洗涤废水排入污水处理站处理。危废焚烧系统的废水主要有出渣冷却水、洗涤塔用水，都循环使用，不能再利用的送至污水处理站。污水处理站的废水经过处理，经检测达到了化工区进网标准后，通过专用管道排至化工区污水集中处理厂处理。

（3）废渣。热脱附烟气处理的粉尘和热风炉炉渣送焚烧炉高温焚烧处置。焚烧产生的飞灰送至宁波市北仑环保固废处置有限公司填埋；产生的炉渣送至宁波科环新型建材股份有限公司处置。

（二）填埋场处置

1．填埋场处置单位情况

本地块低浓度污染土壤送至宁波枫林绿色能源开发有限公司的生活垃圾填埋场（以下简称枫林填埋场）进行处置。宁波枫林绿色能源开发有限公司于 2001 年 9 月正式成立，位于通途路 13 km 处的北仑区小港镇布阵岭（枫林），占地面积 256 亩，经营范围包括资源综合利用、发电、供热、技术服务和咨询及经批准的其他业务。厂区由焚烧主厂区、灰渣填埋场、进厂专用公路组成。该厂区自 1999 年 4 月开始征地建设，其焚烧炉于 2001 年 12 月 15 日顺利通过了竣工验收，转入了正式运行，成为国内同等规模建成投产最早的垃圾焚烧工程，焚烧处理生活垃圾近 1 000 t/d，服务区域已覆盖了海曙、江东、江北三区及鄞州部分地区，服务人口达 100 万以上。

2．枫林生活垃圾填埋场处置方法

枫林生活垃圾填埋场位于该公司厂区东南部，占地面积 556 亩（15 亩=1 hm^2），设计库容 1016 万 m^3，于 2004 年 11 月 11 日投入使用，预计服务期 25 年。

该填埋场距离居民区 800 m，地表水和地下水导排系统独立设置，并配有计量设施、公用设施、垃圾坝、渗沥液导流和处置系统、填埋气体导排和处置系统等，填埋场的防洪标准为洪水重现期 50 年。其防渗系统采用铺设高密度聚乙烯（HDPE）土工膜作为防渗衬里，膜厚度 2 mm，HDPE 符合填埋场防渗的材料性能和现行国家相关标准的要求，渗透系数不大于 1.0×10^{-7} cm/s。防渗系统如图 4-5 所示。填埋场的污水和渗沥液收集后进入填埋场独立的污水处理站，经多级生化处理后排入城市污水管网，送江东污水处理厂进行最终处理。

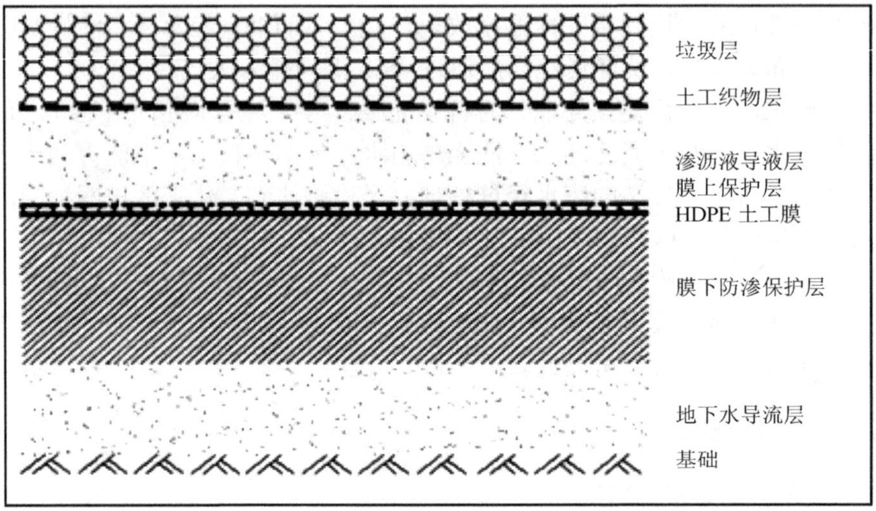

图 4-5 枫林填埋场防渗系统示意图

五、修复方案实施情况

（一） 施工准备

对于多方参与的工程项目施工准备工作十分重要，主要包括前期协调，安全教育与培训，清运现场准备和处置现场准备。

1. 工作分工及前期协调

本工程涉及多家施工单位和处置单位，因此做好前期协调工作是节约项目造价，顺利开展施工和保证工程质量的重要因素。各相关单位关系如图 4-6 所示：

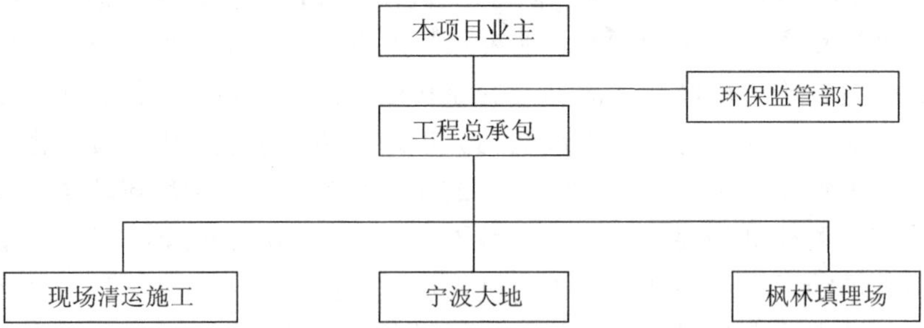

图 4-6 本工程各参与单位结构图

前期的各部门协调工作主要由工程总承包方负责。经相关单位多方协商，并根据各单位的实际情况，明确各相关单位的初步分工如下。

本项目业主：宁波惊驾股份经济合作社。

工程总承包：杭州大地环保工程有限公司。负责整个项目的管理与协调。

环保监管部门：由宁波市固废中心和江东区环保局共同负责行政及技术层面的监管。

现场清运施工：负责现场污染土壤的清挖和运输（清运施工单位尽量与今后土建施工单位一致）。业主配合杭州大地环保共同完成现场管理与协调工作。

宁波大地：负责对高浓度污染土壤进行热脱附处置。

枫林填埋场：负责对轻度污染土壤进行处置。

2．清运范围的确定

本地块的污染土壤范围以深入调查评估的结论为依据，结合不同污染浓度土壤的处置方法进行开挖。根据深入调查评估的结果，本地块污染土壤面积约为 2 150 m^2，总重量约 7 761 t，其中外层土壤是否需要清运，以及最终的清运范围以现场监测结果为准。

（1）热脱附处置土壤清运范围

1）S17 与 S19 两个点位的多环芳烃的浓度分别为 1.26×10^3 mg/kg，3.53×10^3 mg/kg，分别超出荷兰标准干扰值（40mg/kg）31.5 和 88.3 倍，而周围各采样点的污染程度均低于荷兰标准干扰值，因此 S17 与 S19 所在区域可视为一个多环芳烃的污染源。S17 周围 7m，面积约 154 m^2，S19 周围 11m，面积约 377 m^2，深度 2m 的土壤，为送热脱附处置的污染土壤。该区域污染面积合计约 531 m^2，土壤重量约 1917t。

2）S10 点主要受挥发性有机物污染，污染浓度超出荷兰标准干扰值约 20 倍。其周围 4m，面积约 50 m^2，深度 2m 左右的土壤为送热脱附处置的污染土壤。土壤重量约 181t。

3）S15 点主要受挥发性有机物污染，污染浓度超出荷兰标准干扰值约 8 倍。其周围 3m，面积约 28 m^2，深度 2m 左右的土壤为送热脱附处置的污染土壤。土壤重量约 102t。

以上合计送热脱附处置的土壤清运面积约 609 m^2，土方量 1218 m^3，总重量约 2200t。

（2）填埋场处置土壤清运范围

本地块中，所有污染浓度超过荷兰土壤质量标准目标值的污染土壤必须进行清运。根据深入调查评估的相关数据，除送热脱附处置的污染土壤外，其余污染土壤送填埋场处置，这些污染土壤的清运范围是：

1）S17 外围 7～11m，S19 外围 11～15m，以及两个污染范围之间可能受到污染的土壤。其面积合计约 1169m^2，深度 2m，土壤重量约 4220t。

2）S6 周围 5m 的污染土壤，面积约 50m^2，深度 2m，土壤重量约 181t。

3）S10 外围 4～10m 的污染土壤，面积约 250m^2，深度 2m，土壤重量约 902t。

4）S15 外围 3～6m 的污染土壤，面积约 72m^2，深度 2m，土壤重量约 259t。

以上合计送填埋场处置的土壤清运面积约 1541m^2，土方量 3082m^3，总重量约 5561t。

热脱附处置土壤和填埋场处置土壤的清运范围如图 4-7 所示。

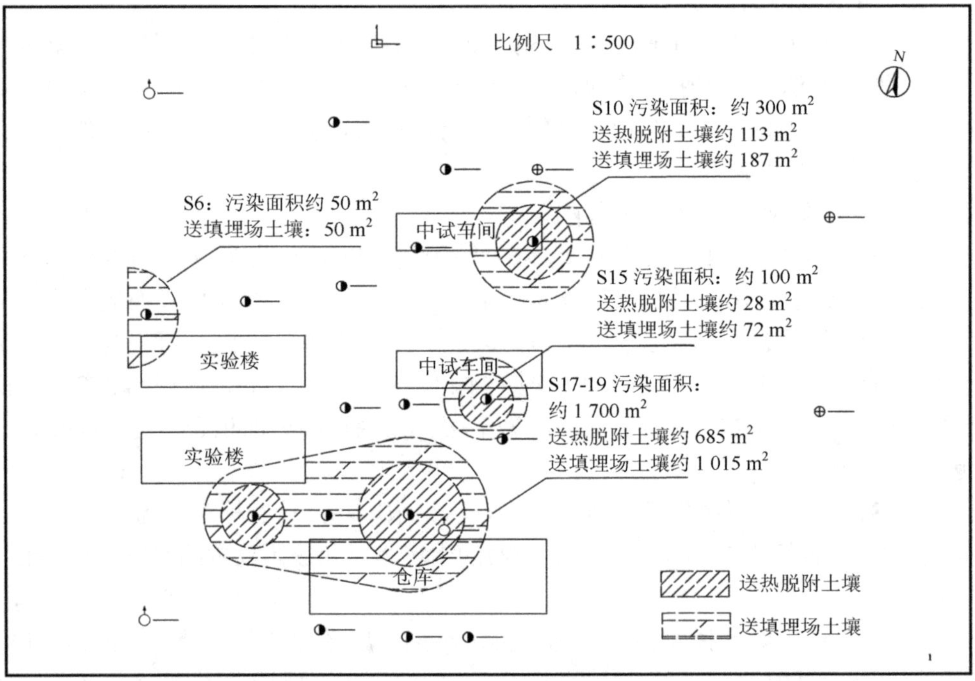

图 4-7 热脱附处置土壤和填埋场处置土壤清运范围

（二）修复方案实施情况

2008 年 12 月 8 日至 2009 年 6 月 28 日，我市先后对原宁波制药厂和原宁波化工设计院地块受污染土壤进行了清理和处置工作，共清运受污染土壤 15528.23t，按照修复实施方案确定的处置方式，全部处置完毕，处置后残余物按照规范进行了处置。

在此次受污染土壤处置工作中，我中心高度重视，充分考虑在处置过程中可能出现的问题，并召开处置工作协调会，协调各个环节、落实各项措施。在处置过程中，派出监管人员现场监督实施过程，保证污染物得到彻底清除。现将有关情况报告如下：

1．两个地块受污染土壤清运情况

详见表 4-1、表 4-2，这两个场地的修复清运记录是由宁波市固体废物管理中心提供。

表 4-1　原宁波制药厂地块清运情况

接收单位	接收数量/t	处置方式	残余物处置方式
宁波枫林绿色能源开发有限公司	6955.54	填埋	无
宁波市北仑环保固废处置有限公司	326.38	焚烧	固化填埋
宁波大地化工环保有限公司	64.13	焚烧	北仑固废填埋
	403.12	热脱附	工厂内回填
数量合计	7749.17		

表 4-2　原宁波化工设计院地块清运情况

接收单位	接收数量/t	处置方式	残余物处置方式
宁波枫林绿色能源开发有限公司	5579.64	填埋	无
宁波大地化工环保有限公司	2257.42	热脱附	工厂内回填
数量合计	7779.06		

2．各接收单位的处置情况

在受污染土壤的处置过程中，各接收单位均按照两个地块修复方案制定的处置方法进行处置。

（1）宁波枫林绿色能源开发有限公司

该公司共接收两个地块的污染土壤 12535.18t，从 2008 年 12 月 8 日到 2009 年 1 月 8 日，受污染土壤均通过填埋方式进行了处置，渗滤液通过污水处理系统处理后纳入宁波江东北区污水处理厂处理。

（2）宁波市北仑环保固废处置有限公司

该公司共接收原宁波制药厂地块的属危险废物的受污染土壤 326.38t。该公司由于设备检修，受污染土壤稳定固化车间暂存了近半年时间，从 2009 年 6 月 14 日至 6 月 30 日全部焚烧处置完毕，焚烧残渣通过稳定固化处理后送危险废物填埋场填埋。

在焚烧处置过程中，该公司通过在线监测设备对焚烧产生的废气进行了监控，并做24小时连续记录。根据记录显示，焚烧废气经处理后，在线监测的污染物大部分达到《危险废物焚烧污染控制标准》（GB 18484—2001）的排放标准，部分指标超过排放标准，如：2009年3月12日的HF有微量超标，最高超过排放标准1.34 mg/m^3（排放标准为：7.0 mg/m^3）。

（3）宁波大地化工环保有限公司

该公司共接收受污染土壤2724.67t，其中64.13 t通过危险废物焚烧炉焚烧处置，焚烧灰渣送宁波市北仑环保固废处置有限公司填埋处置，其余2660.54t通过热脱附处置，热脱附产生的废气通过危险废物焚烧炉焚烧处置（在线监测）。热脱附前受污染土壤经过筛选出来的塘渣，由该公司进行水洗，水洗后的废水经处理达标后排入宁波化工区污水管网，纳入宁波化工区污水处理厂处理，塘渣在洗去表面污染物后在工厂内回填。

该公司热脱附处置工作从2008年12月20日起至2009年5月25日全部结束。在此期间因春节放假和设备检修，停工45天。

（4）处置费用

两个地块受污染土壤按照污染物含量的不同，分别进行卫生填埋、热脱附和危险废物焚烧处置。按照污染物含量来确定处置方式的做法既符合环保要求，保障环境安全；又能降低处置费用，减少不必要的费用支出，以后受污染地块的清理修复工作应当借鉴这种做法。相关费用见表4-3。

表4-3 受污染土壤处置费用汇总表

<table>
<tr><th>地块名称</th><th>处置单位</th><th>处置方式</th><th>处置数量/t</th><th>处置单价/元</th><th>处置总价/元</th><th>费用合计/元</th></tr>
<tr><td rowspan="4">宁波制药厂地块</td><td>宁波枫林绿色能源开发有限公司</td><td>卫生填埋</td><td>6955.54</td><td>140.0</td><td>973775.6</td><td rowspan="4">2499070.6</td></tr>
<tr><td rowspan="2">宁波大地化工环保有限公司</td><td>危险废物焚烧</td><td>64.13</td><td>2500.0</td><td>160325.0</td></tr>
<tr><td>热脱附</td><td>403.12</td><td>1200.0</td><td>483744.0</td></tr>
<tr><td>宁波市北仑环保固废处置有限公司</td><td>危险废物焚烧</td><td>326.38</td><td>2700.0</td><td>881226.0</td></tr>
<tr><td rowspan="2">宁波化工设计院</td><td>宁波枫林绿色能源开发有限公司</td><td>卫生填埋</td><td>5579.64</td><td>120.0</td><td>669556.8</td><td rowspan="2">3183510.0</td></tr>
<tr><td>宁波大地化工环保有限公司</td><td>热脱附</td><td>2257.42</td><td>1113.64</td><td>2513953.2</td></tr>
</table>

注：热脱附费用不包括清运单位支付的设备、场地前期费用。

六、修复后监测

（一）调查与评估的范围

根据地块环境污染现状调查、加密调查和复查得到的各点现场情况和测试分析结果综合考虑，该地块的污染土壤范围以深入调查评估本地块污染土壤面积约为 2150 m^2。

A 污染区：

该区域污染面积合计约 1700 m^2，深度 2m 左右，主要受到多环芳烃的污染。

B 污染区：

面积约 60 m^2，深度 2m。

C 污染区：

面积约 100 m^2，深度 2m 左右的土壤，主要受到挥发性有机物的污染。

D 污染区：

面积约 300 m^2，深度 2m 左右的土壤，主要受到挥发性有机物的污染。

（二）验收监测项目

根据第一次调查、加密调查和复查得到的各点现场情况和测试分析结果来看，土壤受污染的主要污染物为：总石油烃类（4 种）、苯系物（5 种）、挥发性有机物（氯苯、二氯苯、苯、二甲苯、二氯乙烯、三氯乙烯）、多环芳烃类（15 种）、邻苯二甲酸酯类（1 种）、半挥发性有机物等项目。因此本次验收确定的监测项目为以上几项。

（三）验收监测点位

依据《全国土壤污染状况调查点位布设技术规定》的规范，对污染区域边界加密监测，以 20m 为间隔（少于 20m 设 1 个点），东西南北四个方向布点，为 18 个监测点，在污染区域内设置 6 个污染监测点，然后在污染区域周边设置 14 监测点，再在地块内随机设置 4 个加密监测点，总计 42 个监测点。由于 B 污染区边还有部分污染物，进行再次修复处理后加测 2 个点，共计 44 个点，见表 4-4，验收监测采样点位见图 4-8。

表 4-4 采样点位数及深度

点位	深度/m	点位	深度/m	点位	深度/m
S1－50	0.5	S13－50	0.5	S26－50	0.5
S1－300	3	S13－300	3	S27－50	0.5
S2－50	0.5	S14－50	0.5	S28－50	0.5
S2－300	3	S14－300	3	S29－50	0.5
S3－50	0.5	S15－50	0.5	S30－50	0.5
S3－300	3	S15－300	3	S31－50	0.5
S4－50	0.5	S16－50	0.5	S32－50	0.5
S4－300	3	S16－300	3	S33－50	0.5
S5－50	0.5	S17－50	0.5	S34－50	0.5
S5－300	3	S17－300	3	S35－50	0.5
S6－50	0.5	S18－50	0.5	S36－50	0.5
S6－300	3	S18－300	3	S37－50	0.5
S7－50	0.5	S19－50	0.5	S38－50	0.5
S7－300	3	S19－300	3	S39－50	0.5
S8－50	0.5	S20－50	0.5	S40－50	0.5
S8－300	3	S20－300	3	S41－50	0.5
S9－50	0.5	S21－50	0.5	S41－300	3
S9－300	3	S21－300	3	S42－50	0.5
S10－50	0.5	S22－50	0.5	S43－50	0.5
S10－300	3	S22－300	3	S44－50	0.5
S11－50	0.5	S23－50	0.5	S44－300	3
S11－300	3	S23－300	3		
S12－50	0.5	S24－50	0.5		
S12－300	3	S25－50	0.5		

土壤样品采集：在污染区域内的监测点采集去除污染土壤后 0.5m 深度的柱状样品；边界加密监测点及随机监测点采集去除塘渣后 0.5m 深度和 3m 深度 2 个柱状样品。

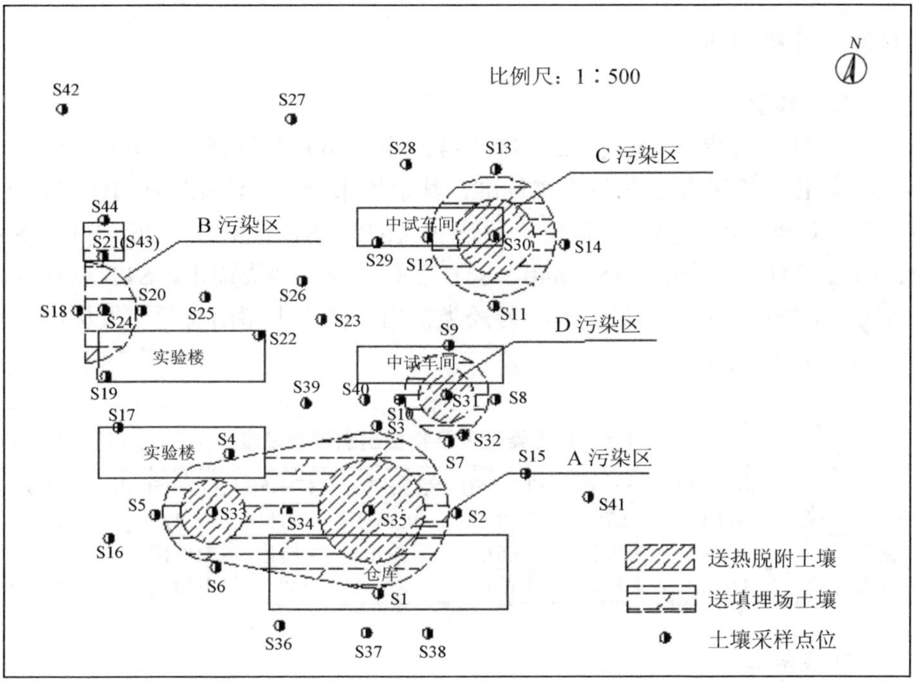

图 4-8　污染场地验收监测采样点位示意图

（四）评价标准

根据宁波市环保局对本项目土壤修复实施方案请示的复函，由于缺乏相应的国家标准，因此，验收标准优先采用国际上普遍认可的荷兰标准；对于在荷兰标准中没有做出规定的采用美国迈阿密-戴德郡的清除标准。土壤修复后各污染指标须达到荷兰标准干扰值或美国迈阿密-戴德郡清除标准的要求。

总石油类烃（总量）＜5 000 mg/kg，

多环芳烃类（总量）＜40 mg/kg，

∑（氯苯，1,3-二氯苯，1,4-二氯苯，1,2-二氯苯）＜30 mg/kg，

苯＜0.2 mg/kg，

乙苯＜10 mg/kg，

∑[间（对）-二甲苯，邻-二甲苯]＜5 mg/kg，

顺-1,2-二氯乙烯＜1 mg/kg。

（五）监测结果

1. A 污染区

该污染区的边界 6（S1、S2、S3、S4、S5、S6）个监测点，只有 S6 点多环芳烃类有检出，但未超出荷兰土壤标准，其余均未检出。污染区中 3（S34、S35、S36）个监测点的污染物均未检出。周边 9（S15、S16、S17、S36、S37、S38、S39、S40、S41）个点中 S15、S40、S41 点有多环芳烃类检出，S17 点有氯苯检出，S36、S37 有总石油类烃、多环芳烃类检出，但均未超出荷兰土壤标准，其余均未检出，结果见表 4-5。

表 4-5　A 污染区污染物检出点位及浓度　　单位：mg/kg

	S6－300	S15－300	S17－50	S36－50	S37－50	S40－50	S41－300	标准
多环芳烃总量	0.01	0.78	未检出	0.36	0.04	0.07	0.01	40
氯苯类	未检出	未检出	0.51	未检出	未检出	未检出	未检出	30
总石油类烃总量	未检出	未检出	未检出	22	38	未检出	未检出	5 000

2. B 污染区

该污染区的边界 4 个（S18、S19、S20、S21）监测点，S20 点有氯苯类、多环芳烃类检出，但均未超出荷兰标准；S21 点有总石油类烃、苯类、氯苯类、苯酚类、多环芳烃类检出，其中苯类、氯苯类超出荷兰土壤标准，由杭州大地环保公司对 S21 监测点进行扩大范围修复，修复后再监测，新增一个边界监测点（S42），污染物未检出，污染区内 S24、S43（原 S21 点，对该点进行再次采样监测分析）监测点污染物也未检出；周边 1 个（S25）点污染物也未检出，结果见表 4-6。

表 4-6　B 污染区污染物检出点位及浓度　　单位：mg/kg

	S20－50	S20－300	S21－50	S21－300	标准
总石油类烃总量	0.8	4.9	225.2	95.0	5 000
多环芳烃总量	未检出	0.48	6.45	未检出	40
氯苯类	0.51	2.89	44.57	87.57	30
苯	未检出	未检出	未检出	3.14	0.2
二甲苯	未检出	未检出	0.53	未检出	5
苯酚类	未检出	未检出	0.2	1.0	未检出

3. C 污染区

该污染区的边界 4 个（S11、S12、S13、S14）监测点，S13 有多环芳烃类检出，S14 有总石油类烃、苯、氯苯类检出，但均未超出荷兰土壤标准，其余均未检出；污染区内 S30 点污染物均未检出；周边 2 个监测点（S28、S29）污染物也均未检出，结果见表 4-7。

表 4-7　C 污染区污染物检出点位及浓度　单位：mg/kg

	S13－50	S14－300	标准
总石油类烃总量	未检出	2.3	5 000
多环芳烃总量	0.01	未检出	40
氯苯类	未检出	3.14	30
苯	未检出	0.12	0.2

4．D 污染区

该污染区的边界 4 个（S7、S8、S9、S10）监测点，S7、S8 有多环芳烃类检出，但未超出荷兰土壤标准，其余均未检出；污染区内 S31、S32 点污染物均未检出；周边 1 个监测点 S23 有总石油类烃、多环芳烃类、氯苯类检出，但均未超出荷兰土壤标准，其余均未检出，结果见表 4-8。

表 4-8　D 污染区污染物检出点位及浓度　单位：mg/kg

	S7－300	S8－50	S23－50	S23－300	标准
总石油类烃总量	未检出	未检出	未检出	2.6	5 000
多环芳烃总量	0.01	0.01	0.04	未检出	40
氯苯类	未检出	未检出	未检出	1.73	30

5．随机加密监测点

在该地块内有 4 个随机加密监测点（S22、S26、S27、S42），S22、S26 点有多环芳烃类检出，S42 有总石油类烃、多环芳烃类、苯类、氯苯类检出但均未超出荷兰土壤标准，其余均未检出，结果见表 4-9。

表 4-9　随机加密监测点污染物检出点位及浓度　单位：mg/kg

	S22－50	S26－50	S42－50	标准
总石油类烃总量	未检出	未检出	34.6	5 000
多环芳烃总量	0.03	0.11	0.59	40
氯苯类	未检出	未检出	0.31	30
苯	未检出	未检出	0.08	0.2
二甲苯	未检出	未检出	0.06	5

七、结论

原宁波化工研究设计院地块的污染区域经过土壤修复，虽然个别点位还有总石油类烃、多环芳烃、氯苯类等污染物的检出，但均符合荷兰土壤标准中的干扰值，且远远低于荷兰土壤标准中的干扰值。原宁波化工研究设计院地块经修复后，土壤符合荷兰土壤标准中的干扰值标准。

第二节　宁波某化工厂丙烯腈泄漏（原位修复）

宁波某化工有限公司是一家中外合资企业，公司主要从事 ABS 树脂、SAN 树脂、SBL 胶乳及其下游产品的生产和销售。

一、污染事故及处置情况

污染事故经过。2007 年 9 月 20 日下午 15：20—9 月 21 日凌晨 4：30，宁波某化工有限公司通过丙烯腈管道从液体化工码头进原料丙烯腈，9 月 21 日上午该公司在进行进料核实时，发现丙烯腈总量有误，在对管道检查过程中发现公司东南角围墙外送料管阀门的阀体螺拴被拆除，不锈钢短接被盗，造成部分丙烯腈泄漏，经该公司测算，泄漏的丙烯腈液体达到 250 余吨，造成当地大气、地表水、地下水及土壤的污染。在区政府相关部门配合下，在应急处理阶段（2007 年 9 月 22 日—2007 年 9 月 29 日）采取了覆土、打井抽水回收等大量工程应急措施后，大气和地表水体中的丙烯腈浓度已降低至检出下限，应急处理阶段工作基本结束，进入污染中期处理阶段。

现场处置情况：做好相关调查取证工作，加强事故现场监察。督促企业对丙烯腈泄漏处进行挖井、挖沟，用硫代硫酸钠进行连续中和，并用水泵连续回收废水。丙烯腈泄漏点及附近湿地用泡沫覆盖，应急水池面用吸油毡进行有效覆盖。督促企业控制生产负荷，减少生产废水产生量，确保回收废水得到及时有效处理后达标排放。

现场监测：废气监测：每小时对事故点下风向进行监测。废水监测：每四小时对该公司废水总排放口、挖井位置进行采样监测。土壤监测：每天二次对事故点位置土壤进行监测。密切关注大气特殊污染因子监测系统的风向及丙烯腈浓度变化。对水污染区域进行监测。

二、修复前土壤、地下水监测结果

这里我们重点讨论土壤和地下水污染的修复治理工作，大气和地表水情况不作介绍。

（一）土壤环境调查和评价

1．土壤环境调查的设计

监测布点。根据《土壤环境监测技术规范》（HJ/T 166—2004），并结合丙烯腈物料管道泄漏的特点和泄漏地点的地形地貌等特点，本次土壤环境调查按照50m×50m进行布点钻孔采样。编号为单号的监测点采集0.5m、1m、2m、3m不同深度的泥样，分别监测各深度处土壤指标；双号监测点采集0.5m、1m、2m、3m、5m和8m不同深度的泥样，分别监测各深度处土壤指标。后根据分析结果的变化，在泄漏点（23#孔位处）附近按照50m×50m正方形对角线的交点进行加密布点。

监测项目。特征因子：丙烯腈。

监测时段和频次：丙烯腈采样1天，共1次。

测试方法：按监测规范规定。根据土壤和地下水污染调查有关规范的要求，本次勘探采用的布孔网格为50m×50m，即钻孔相互之间的距离为50m，受实际场地条件的限制，有的孔距根据实际情况略微进行调整。

原设计钻孔数为45个，后来根据现场钻探取的土样和水样分析结果，最终实际完成19个勘探孔。外业勘探工作于2008年1月2日开始，共开动了XY-1型工程钻机2台，至1月25日全部结束外业工作。根据设计院提供的钻孔平面布置图，读出各孔的理论坐标，外业测量起始点利用控制点，采用日本尼康DTM-352L型全站仪极坐标法施测放样。坐标系统为宁波独立坐标系，高程为国家85高程。放样过程需该公司相关人员对每个孔孔位实地核查，检测孔位附近地下管线分布情况，并做出适当调整。钻探结束，对孔位进行复测，得出孔位最终实际坐标和高程。

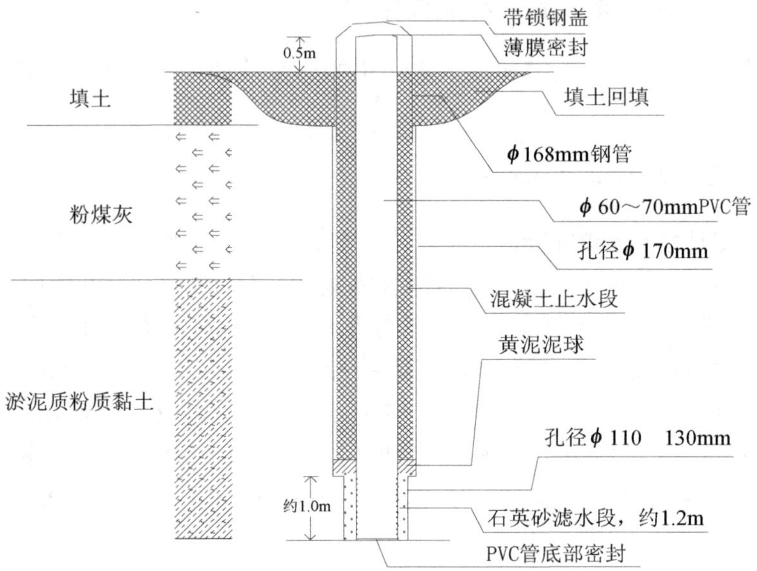

图 4-9　成井孔内结构示意图

2. 监测分析结果和评价

土壤分析于 2008 年 1 月 3 日至 24 日进行。土壤分析结果见表 4-10。

表 4-10　土壤监测分析结果

指标 样品名称	丙烯腈/（mg/kg）	指标 样品名称	丙烯腈/（mg/kg）	指标 样品名称	丙烯腈/（mg/kg）
2#－1	＜0.05	21#－1	＜0.05	31#－1	＜0.05
2#－2	＜0.05	21#－2	＜0.05	31#－2	＜0.05
2#－3	＜0.05	21#－3	＜0.05	31#－3	＜0.05
9#－1	＜0.05	21#－5	＜0.05	31#－5	＜0.05
9#－2	＜0.05	21#－6	＜0.05	31#－6	＜0.05
9#－3	＜0.05	21#－8	＜0.05	31#－8	＜0.05
9#－5	＜0.05	23#－1	257	36#－1	＜0.05
9#－6	＜0.05	23#－2	＜0.05	36#－2	＜0.05
9#－8	＜0.05	23#－3	4.00	36#－3	＜0.05
15#－1	＜0.05	23#－5	0.25	36#－5	＜0.05
15#－2	＜0.05	23#－6	0.07	36#－6	＜0.05

样品名称＼指标	丙烯腈/（mg/kg）	样品名称＼指标	丙烯腈/（mg/kg）	样品名称＼指标	丙烯腈/（mg/kg）
15#－3	<0.05	23#－8	<0.05	36#－8	<0.05
15#－5	<0.05	24#－1	<0.05	K1-1	0.20
15#－6	<0.05	24#－2	<0.05	K1-2	<0.05
15#－8	<0.05	24#－3	<0.05	K1-3	<0.05
16#－1	<0.05	26#－1	<0.05	K1-4	<0.05
16#－2	<0.05	26#－2	<0.05	K2-1	<0.05
16#－3	<0.05	26#－3	<0.05	K2-2	<0.05
17#－1	<0.05	29#－1	<0.05	K2-3	<0.05
17#－2	<0.05	29#－2	<0.05	K2-4	<0.05
17#－3	<0.05	29#－3	<0.05	K3-1	**60.8**
17#－5	<0.05	29#－5	<0.05	K3-2	**132**
17#－6	<0.05	29#－6	<0.05	K3-3	0.13
17#－8	<0.05	29#－8	<0.05	K3-4	<0.05
22#－1	<0.05	30#－1	<0.05	K4-1	<0.05
22#－2	<0.05	30#－2	<0.05	K4-2	0.12
22#－3	<0.05	30#－3	<0.05	K4-3	<0.05
—	—	—	—	K4-4	0.07

对照美国土壤中丙烯腈的环境水平目标值 AMEG 值（12 mg/kg），土壤中超过该目标值的只有 3 个样品（表中灰底加粗字体部分）。

图 4-10　土壤超标包络线范围图

（粗线围成的正方形为三个超标样品所在位置，网格部分为达标包络线范围。）

（二）地下水环境调查和评价

1．地下水环境调查的设计

监测布点。根据《地下水环境监测技术规范》（HJ/T 164—2004），并结合丙烯腈物料管道泄漏的特点和泄漏地点的地形地貌、地下水埋深等特点，本次地下水环境调查按照 50m×50m 进行布点钻孔采样，点位与土壤环境调查布点相同。编号为单号的监测点采集地表下 3m 深度的水样，双号监测点采集地表以下 8m 深度水样，分别监测各水深处丙烯腈指标。后根据分析结果的变化，在泄漏点（23#孔位处）附近按照 50m×50m 正方形对角线的交点进行加密布点。

监测项目。特征因子：丙烯腈。监测时段和频次：丙烯腈采样 1 次。

钻孔取水样的要求。根据现场勘察所得地质资料，本次泄漏污染调查的含水层重点有两层：一是 1－1 层的素填土和 1－2 层的吹填土组成的第一层强含水层，二是第 1－3 层的淤泥质粉质黏土和第 2－1 层的淤泥质粉质黏土组成的第二层极弱含水层。

依据本次勘察所得的工程勘察资料，第一含水层顶板标高（注：高程为国家 85 高程，本文所述均采用国家 85 高程）在 1.82～3.89m，层厚在 2.8～6.2m；第二含水层顶板标高在–0.42～–3.33mm，未揭穿。本次钻探施工的 19 个钻孔中，有 10 个钻孔取的是第一层含水层的水样，有 9 个钻孔是取第二层含水层的水样。

本次勘察采取了严格的隔离止水措施，确保在施工第二含水层时，第一含水层的水不蹿入到第二层含水层之中，从而避免两层含水层之间的交叉污染。

2．监测分析结果和评价

地下水分析于 2008 年 1 月 3 日至 24 日进行。地下水分析结果见表 4-11。

表 4-11　地下水监测分析结果　　单位：mg/L

样品名称	丙烯腈	样品名称	丙烯腈	样品名称	丙烯腈
2#	＜0.05	23#	＜0.05	36#	＜0.05
9#	＜0.05	24#	＜0.05	K1#	＜0.05
15#	＜0.05	25#	＜0.05	K2#	＜0.05
16#	＜0.05	26#	＜0.05	K3#	＜0.05
17#	＜0.05	29#	＜0.05	K4#	＜0.05
21#	＜0.05	30#	＜0.05		
22#	＜0.05	31#	＜0.05		

从表中可知，所测各点位的地下水均小于检出限（0.05 mg/L），符合美国水中丙烯腈的环境水平目标值 AMEG 值 0.062 mg/L 的要求，生物体与该地下水接触后不会产生有害的影响。

三、修复技术

（一）土壤修复措施

通过仔细的比较，目前本次宁波某化工有限公司丙烯腈物料管道泄漏造成土壤污染的修复措施比较可行的办法是对图 4-10 中包络线范围的土壤喷洒含硫代硫酸钠的药水，使硫代硫酸钠与 CN^-结合，转化为无毒的硫氰酸盐，然后抽取地下水，进该公司的污水处理站进行处理，尾水排入附近海域。

本次土壤修复采用直径 2.0m 的抽水井抽水，井深以挖至淤泥质粉质黏土层顶以下 0.5m 为准。

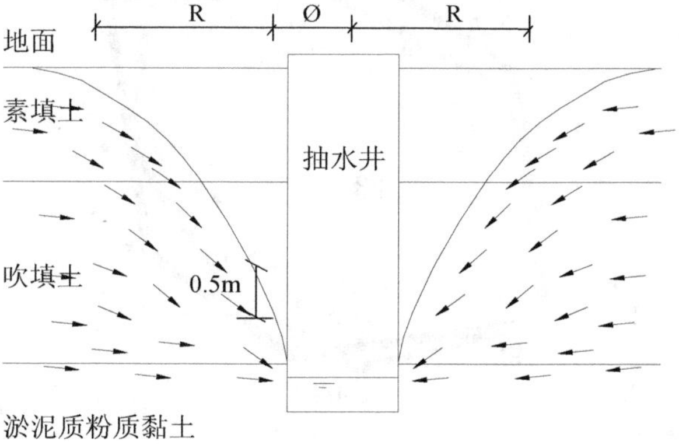

图 4-11　抽水井的影响范围示意图

抽水井的影响范围可按照下式进行计算：

$$R=2S(HK)^{0.5}$$

式中　S——降深；

H——含水层厚度；

K——渗透系数，估计 10^{-3}cm/s＝0.864m/d。

表 4-12　抽水井的影响范围计算结果

编号	井深/m	S/m	H/m	R＋Ø/m	备注
K1	4.5	4.5	4.5	17.8+2.0	
K2	3.5	3.5	3.5	12.2+2.0	

编号	井深/m	S/m	H/m	R+Ø/m	备注
K4	3.7	3.7	3.7	13.2+2.0	
30#	3.8	3.8	3.8	13.8+2.0	
29#	5.0	5.0	5.0	20.8+2.0	
22#	5.0	5.0	5.0	20.8+2.0	

根据上面的计算结果，结合工程的实际情况，实际挖井可按照图 4-12 所示开挖。

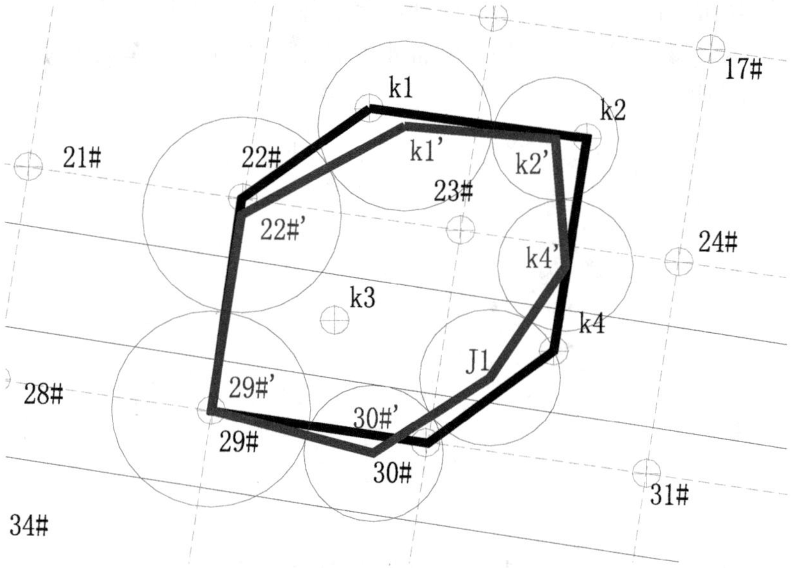

图 4-12 开挖抽水井示意图

（圆圈表示各抽水井的影响范围，外层粗线表示污染点连接线，内层粗线表示抽水井的连接线，两者基本吻合。）

根据包络线范围的面积，预计晴天每天喷洒的水量为 100t/d，回收水量 200t/d，每月喷洒硫代硫酸钠 1t。

（二）评价标准

由于我国国家标准 GB 15618—1995《土壤环境质量标准》和 GB/T 14848—93《地下水质量标准》对土壤、地下水中丙烯腈标准值无规定，因此，本次评价采用美国国家环保局采用的多介质环境目标值（AMEG）对区域地块土壤和地下水的监测结果进行分析评价，具体标准如表 4-13 所示。

表 4-13 土壤和地下水中丙烯腈的环境水平目标值 AMEG 值

化学物质名称	类别	健康	生态	自然本底
丙烯腈	水/（mg/L）	0.062	0.50	
	土壤/（mg/kg）	12	100	

备注："健康"栏内列出的是以化学物质对健康的影响为依据的 MEG 值，"生态"栏内是以化学物质对生态系统影响为依据的 MEG 值。

四、修复后监测结果

2008 年 11 月 24 日，2009 年 3 月 18 日，我中心对修复后的土壤和地下水进行了监测，结果见表 4-14、表 4-15。从表中可知，截至 2009 年 3 月 18 日，土壤中丙烯腈含量已经全部达到健康目标值；地下水浓度除 30 号点外全部达到健康目标值，30 号点达到生态目标值。这说明经过修复后，污染场地恢复到原有环境功能，保证环境安全。

表 4-14 修复后土壤监测结果

土壤	丙烯腈/（mg/kg）	土壤	丙烯腈/（mg/kg）
20081120LG 2# 1m	＜0.05	20081125LG 4# 1m	＜0.05
20081120LG 2# 2m	129	20081125LG 4# 2m	＜0.05
20081120LG 2# 3m	＜0.05	20081121LG 3# 1m	＜0.05
20081120LG 2# 5m	0.11	20081121LG 3# 2m	＜0.05
20081120LG 2# 6m	＜0.05	20081121LG 3# 3m	＜0.05
20081120LG 2# 8m	0.65	20081121LG 3# 5m	＜0.05
20081121LG 8# 1m	＜0.05	20081121LG 3# 6m	＜0.05
20081121LG 8# 2m	＜0.05	20081121LG 3# 8m	＜0.05
20081121LG 8# 3m	＜0.05	20081125LG 4# 3m	＜0.05
20081121LG 8# 5m	＜0.05	20081125LG 4# 5m	＜0.05
20081123LG 7# 1m	＜0.05	20081125LG 4# 6m	0.06
20081123LG 7# 2m	＜0.05	20081125LG 4# 8m	＜0.05
20081123LG 7# 3m	＜0.05	20081126LG 6# 1m	＜0.05
20081123LG 7# 5m	＜0.05	20081126LG 6# 2m	＜0.05
20081123LG 7# 6m	＜0.05	20081126LG 6# 2m	＜0.05
20081123LG 7# 8m	＜0.05	20081126LG 6# 3m	＜0.05
20081124LG 1# 1m	5.61	20081126LG 6# 5m	＜0.05
20081124LG 1# 2m	9.56	20081126LG 6# 6m	＜0.05
20081124LG 1# 3m	13.8	20081126LG 6# 8m	＜0.05

土壤	丙烯腈/（mg/kg）	土壤	丙烯腈/（mg/kg）
20081124LG 1# 5m	<0.05	20090318Z1-1	<0.05
20081124LG 1# 6m	<0.05	20090318Z1-2	6.94
20081124LG 1# 8m	<0.05	20090318Z1-3	0.12
20081125LG 5# 1m	<0.05	20090318Z1-6	0.07
20081125LG 5# 2m	<0.05	20090318Z2-1	0.08
20081125LG 5# 3m	<0.05	20090318Z2-2	<0.05
20081125LG 5# 5m	<0.05	20090318Z2-3	0.87
20081125LG 5# 6m	<0.05	20090318Z2-5	<0.05
20081125LG 5# 8m	<0.05		

表 4-15　修复后地下水监测结果

采样日期	样品名称	丙烯腈/（mg/L）
2008年11月24日	water k1	<0.05
	water k2	<0.05
	water k3	<0.05
	water k4	<0.05
	water 22	<0.05
	water 23	<0.05
	water 29	0.09
	water 30	0.13
2009年3月18日	23#	<0.05
	29#	<0.05
	30#	<0.05
	K3#	<0.05

第三节　原宁波四明化工有限公司（异位修复）

一、公司概况

宁波四明化工有限公司其前身是宁波化肥厂，筹建于1963年11月，投产于1966年9月，原设计能力为年产合成氨5000t。

20世纪60年代初，为了有力支援农业生产，在省市领导的重视下，于1963年开始筹建宁波化肥厂，同年11月7日省人委批准建立宁波化肥厂筹备处，1964

年 7 月 4 日市人委上报宁波化肥厂设计任务书，要求建设年产 1 万 t 合成氨厂，投资 1134.7 万元，其中一期工程年产合成氨 5000t，投资 831.7 万元，同年 8 月 23 日，省人委 426 号文件正式批准一期工程项目，投资 780 万元，建立年产 5000 t 合成氨厂，厂址选择原宁波钢铁厂旧厂址。

建厂期间（1965 年 6 月），当时正提倡“设计革命化”，使一期工程大大节约和压缩了基建投资，占地面积相当于同类型同规模化肥厂的二分之一，实际投资 420 万元，造成车间布局拥挤，建筑及基础处理简陋，给后来的技术改造和安全生产带来极大的困难和不利。

随着生产的发展和规模的扩大，企业先后进行了多次扩产改造及土地征用。投产后的十几年，市县农村对化肥分配供应数量仍感到严重不足，地市领导决定我厂搞二期扩建，1973 年 10 月经地区计委批准，由地方政府投资，扩大到年产 9000t 合成氨生产能力，于 1977 年第一次扩产改造完成，1987 年以后，企业依靠自力更生、自筹资金，先后完成 1.5 万 t 合成氨的第二次扩产改造，1991 年完成 2 万 t 合成氨的第三次扩产改造，1992 年完成 4000t/a 双氧水新建工程，1996 年完成 2.5 万 t 合成氨的第四次扩产改造，1999 年完成 1.5 完 t/a 双氧水扩建工程。通过几次扩产改造，企业规模不断壮大，厂区面积也随之不断扩大，厂区占地面积约 5.2 万 m^2。

二、企业原址环境影响调查实施方案

（一）调查内容与范围

（1）留在原址和地下的污染物的种类、范围调查；
（2）原厂区地下管线、地下储罐埋藏情况；
（3）土壤、地下（泉）水污染情况调查。

（二）修复前的调查监测（见表 4-16）

（三）评价标准

（1）土壤按《土壤环境质量标准》GB 15618—1995 中三级标准（旱地）进行评价；

（2）对土壤浸出毒性测试按《危险废物鉴别标准-浸出毒性鉴别》GB 5085.3—1996/GB 12502—1990 表 1 进行评价；

（3）地下水按《地下水水质标准》GB/T 14848—1993 进行对照；

（4）鉴于放射性目前尚未国家标准，故采用 1985 年浙江省环境调查背景本底数据（依据道路值）进行对照。

表 4-16 调查监测实施内容

<table>
<tr><td>原厂名</td><td colspan="2">四明化工有限公司</td><td rowspan="2">联系人</td><td>孙章亮</td><td rowspan="2">电话</td><td>13655746654</td></tr>
<tr><td>公司</td><td colspan="2">银亿房产开发有限公司</td><td>章梦瑾　丁克林</td><td>13957812867
13336873166</td></tr>
<tr><td rowspan="2">内容</td><td colspan="2">点　位</td><td colspan="4" rowspan="2">监 测 项 目</td></tr>
<tr><td>数量/个</td><td>深度/m</td></tr>
<tr><td rowspan="2">土壤</td><td rowspan="2">15</td><td>①表土 0.5</td><td colspan="4" rowspan="2">氟化物，Hg，As，CN，Cd，Pb，Ni，总铬 Cu，Zn，六六六，DDT，石油类，pH、硫化物/挥发酚/多芳烃/六价铬</td></tr>
<tr><td>②地下管线、储罐附近（待定）</td></tr>
<tr><td colspan="2">采用参照标准</td><td colspan="5">① GB 15618—1995 [土壤环境质量标准]；
② GB 5 085.3—1996/GB 12502—1990[危险废物鉴别标准-浸出毒性鉴别]。</td></tr>
<tr><td>地下（泉）水</td><td>2</td><td>10～20</td><td colspan="4">色度，嗅和味，浊度，肉眼可见物，硬度，硫酸盐，氯化物，硝酸盐，亚硝酸盐，氨氮，氟化物，总大肠菌群，细菌总数，酚，Las，COD_{Mn}，CN，六价铬，六六六，DDT，Fe，Mn，Cu，Zn，Co，Cd，Pb，Ni，Hg，As，Se；pH
硫化物/挥发酚/多芳烃</td></tr>
<tr><td colspan="2">采用参照标准</td><td colspan="5">① GB/T 14848—1993[地下水水质标准]</td></tr>
<tr><td rowspan="2">放射性</td><td colspan="2">地　表</td><td colspan="2">γ外照射剂量率</td><td rowspan="2"></td><td rowspan="2"></td></tr>
<tr><td colspan="2">地下水</td><td colspan="2">α，β</td></tr>
<tr><td colspan="2">采用参照标准</td><td colspan="5">本底对照和物质调查</td></tr>
<tr><td>调查内容</td><td colspan="6">①地下管线、储罐布设情况；②放射性矿物质使用及矿渣处置情况；
③含污染物的相关物品存放及倾倒等重点部位。</td></tr>
<tr><td>备　注</td><td colspan="6">①土壤分析个别项目按总量、浸出液同步进行；
②某些指标的评价采用对照点或与历史记录对比的方法。</td></tr>
</table>

（四）结论

（1）土壤按《土壤环境质量标准》GB 15618—1 995 中三级标准（旱地）进行评价，9#点受总铜、总锌污染，10#点受总铜污染，其他特征污染物不作评价；

（2）对土壤浸出毒性测试按《危险废物鉴别标准-浸出毒性鉴别》GB 5085.3—

1996/GB 12502—1990 表 1 进行评价，均符合标准；

（3）地下水按《地下水水质标准》GB/T 14848—1993 进行对照：符合Ⅰ类水标准的有 pH、铜、锌、镉、铅、锰、砷、汞、硒、六六六、色度、阴离子洗涤剂、硝酸盐氮、氟化物、总α放射性；符合Ⅱ类水标准的有高锰酸盐指数、氰化物、滴滴涕、六价铬、镍、钴、硫酸盐、总β放射性；符合Ⅲ类水标准的有铁；符合Ⅳ类水标准的有挥发酚、亚硝酸盐氮；符合Ⅴ类水标准的有浊度、硬度、氯化物、氨氮、总大肠菌群、细菌总数；硫化物、多芳烃不作评价；

（4）环境地表γ辐射剂量率在 1985 年浙江省环境调查背景本底数据（依据道路值）范围内。

（5）根据甬环发[2005]29 号文件精神，在对土壤监测的同时增加了该企业生产、加工过程中的特征污染物并与参照点进行比对，结果显示：硫化物 4#点较高、石油类均高于参照点、挥发酚在参照点范围内、总氰化物 1#，2#，4#，10#，11#，12#均检出，其中 10#点较高。另据实地调查，该企业无地下储罐、管线等污染源。

三、修复措施

原四明化工有限公司地块被银亿房产开发有限公司拍得，用于房地产的开发建设。银亿房产开发有限公司根据宁波市环境保护监测中心站（2006 年 12 月更名为宁波市环境监测中心）的监测结果：9#点受总铜、总锌污染，10#点受总铜污染，总氰化物 1#，2#，4#，10#，11#，12#均检出，其中 10#点较高；对上述点位进行了清挖，深度在 0～0.8 m，挖掘量在 500 t 以上，主要用于某砖瓦厂制砖。

四、修复后的监测结果

（一）评价标准

土壤按《土壤环境质量标准》GB 15618—1995 中三级标准（旱地）进行评价。

表 4-17 复测结果

项目 点位	硫化物/（mg/kg）	总氰化物/（mg/kg）	总铜/（mg/kg）	总锌/（mg/kg）
4#	0.185	—	—	—
9#	—	—	52	158
10#	—	0.331	49	—
土壤环境标准	—	—	400	500

（二）结论

土壤按《土壤环境质量标准》GB 15618—1995 中三级标准（旱地）进行评价：9#点总铜、总锌均符合标准，10#点总铜符合标准，硫化物、总氰化物不作评价。

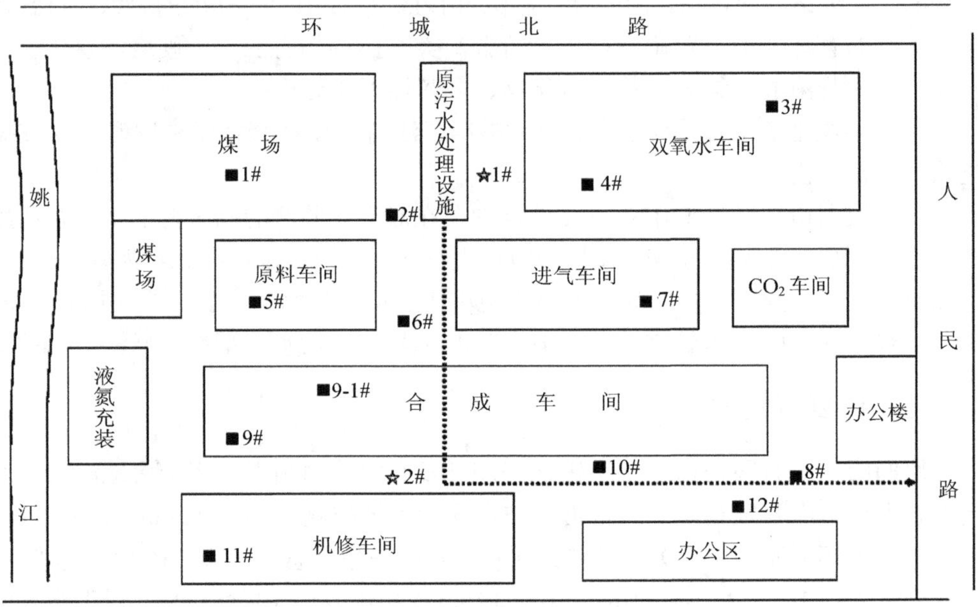

图 4-13 四明化工平面分布及监测点位

第四节 东方威尼斯二期（异位修复）

一、企业概况及问题的发现

2005 年 3 月，宁波市环境保护局在处理渔轮厂废弃放射源时，接到群众举报：达利集团地块埋有放射性物质。市环保局立即与市公安局联合开展调查，走访原主管部门：维科集团和相关当事人，最后找到了原负责生产的刘佩兴同志，对有关情况有了比较详细的了解，有关情况如下。

（一）基本情况

据当事人回忆，有关情况如下：达利集团由宁波市第二印染厂和化纤厂合并组建，第二印染厂在1959—1962年使用独居石、锆英砂生产硝酸钍（汽灯砂罩原料）。该厂在1962年将几十吨矿渣埋于厂区内，同时有部分原料遗落在原料仓库内（原料仓库为木质结构）。在填埋时，宁波市卫生监督部门进行过监测，发现超标后用水泥进行覆盖，在生产区也有可能遗留一部分矿渣。但经过调查，市卫生部门无存档资料。

达利集团现有的厂区将被土地储备中心拍卖，用做商业开发。

根据当事人回忆，填埋点、原料仓库的位置现在大约在高塘花园：永丰西路98弄90～94号与104～108号的区域内，生产区与其比邻。

同时，该厂在1962年停止生产硝酸钍时，将一批锆英砂转让给宁波硫酸厂用于继续生产硝酸钍。

（二）填埋的放射性物质有关情况

1．独居石、锆英砂均为我国重要的稀有金属矿物，主要用于提炼钍、铈、锆等稀有金属，这两种矿物都是放射性矿物，主要含有钍、镭等放射性核素。经提炼后的废渣中残留有一定量的放射性核素钍、镭，是一种放射性固体废物。

2．危害影响

这些放射性固体废物对附近公众造成的影响主要有以下几个方面。

伽马射线的照射：由于废渣中放射性核素含量不会很高，并埋入地下，此种影响可能不会大。氡的影响：由于钍、镭在衰败过程中均要释放出气体放射性核素氡（一种惰性气体），可能会对其附近、特别是其上部建筑物内长期生活的公众造成吸入性内照射，这种影响是长期可累积的，此种影响是我们要考虑的。对土壤、地下水的影响：对大环境的负面影响评估难度较大。

（三）对策分析

此事历经40余年，已转变为一个社会问题。从对公众负责的角度出发，请省局组织技术力量对所在区域进行监测，并对伽马射线的照射和氡气吸入对公众可能造成的伤害进行评估，并对此地是否适宜居住以及达利集团地块是否适宜进行商业开发得出结论。

二、修复前的调查

（一）对该地块修复前辐射水平的第一次调查

2005年7月27日、2005年8月7日、2005年8月16日—2005年8月19

日，浙江省辐射环境监测站（国家环境保护总局辐射环境监测技术中心）、宁波市环境监测中心对该地块周围辐射水平进行了调查，结果表明：

1．未经土壤挖坑测点地表γ辐射剂量率测量水平未见异常，在本底水平范围内。

2．^{232}Th 核素含量最高的样品为宁波土壤平均值的 17 倍，为 1052±85Bq/kg，5 号采样点的水中天然钍含量为 0.34 μg/L。

3．局部区域 ^{232}Th 核素含量较高的土壤需要进行妥善处置。

4．建议对处理完的地块进行辐射监测调查。

表 4-18　第一次测量结果

序号	测点编号	剂量率/（nGy/h）	^{232}Th 核素含量/（Bq/kg）
1	●1	95（2）	353±32；k=2
2	●2	100（2）	514±45；k=2
3	●3	95（1）	89±11；k=2
4	●4	93（2）	78±10；k=2
5	●5	105（2）	512±41；k=2
6	●6	93（2）	193±20；k=2
7	●7	112（3）	88±11；k=2
8	●8	102（1）	69±10；k=2
9	●9	93（3）	66±9；k=2
10	●10	88（2）	105±12；k=2
11	●11	105（2）	1052±85；k=2
12	●12	85（2）	186±19；k=2
13	●13	93（3）	67±9；k=2
14	●14	83（3）	104±11；k=2
15	●15	99（3）	80±10；k=2
16	●16	89（2）	70±11；k=2
17	●17	87（3）	72±10；k=2
18	●18	92（3）	71±9；k=2
19	●19	85（2）	71±7；k=2
20	●20	90（2）	76±10；k=2
21	●5	—	0.34 μg/L（水中钍含量）

括号内数据为标准偏差。

图 4-14　现场监测点位图（图为土壤采样点）

注：5 号点同时采集了土壤和地下水。

图 4-15　第一次采样现场

（二）第二次调查

2005年9月15日、2005年9月23日—2005年10月8日，浙江省辐射环境监测站（国家环境保护总局辐射环境监测技术中心）、宁波市环境监测中心对该地块周围辐射水平进行了调查，结果表明：

（1）通过本次土壤和水样的测量结果，以及根据第一次调查，可知A、B、E、F、H、K、M、N点约2m深处的放射性核素^{232}Th含量较高，分布不均匀，K、N点附近最高。

（2）^{232}Th核素含量最高的样品为宁波土壤^{232}Th含量平均值的28倍。

（3）建议对^{232}Th核素含量较高的区域土壤进行妥善处置，并对处理完的地块进行辐射监测调查，以确认宁波东方威尼斯II号地块达到国家清洁值。

表4-19 ^{232}Th核素含量测量结果

序号	测点编号	采样深度/m	^{232}Th核素含量/（Bq/kg）
1	●A	4	197±19；k=2
2	●B	4	73±8；k=2
3	●C	3	83±9；k=2
4	●C	4	68±10；k=2
5	●D	2	66±9；k=2
6	●D	4	66±8；k=2
7	●E	4	69±9；k=2
8	●F	3	67±10；k=2
9	●F	4	64±9；k=2
10	●G	2	71±9；k=2
11	●G	4	63±8；k=2
12	●H	2	158±18；k=2
13	●H	4	81±12；k=2
14	●I	4	76±9；k=2
15	●J	4	64±8；k=2
16	●K	2	1659±110；k=2
17	●K	4	71±10；k=2
18	●L	2	97±11；k=2
19	●L	4	62±7；k=2
20	●M	4	66±8；k=2
21	●N	4	66±8；k=2
22	●O	4	65±7；k=2

序号	测点编号	采样深度/m	^{232}Th 核素含量/（Bq/kg）
23	●P	3	58±7；k=2
24	●P	4	61±8；k=2
25	●Q	3	71±9；k=2
26	●Q	4	68±8；k=2

表 4-20　水中总α、总β测量结果　单位：Bq/L

名　称	总β	总α
河水样	0.29±0.01	0.05±0.02
B 点水样	0.77±0.02	0.43±0.06
C 点水样	1.0±0.1	0.37±0.07
F 点水样	1.3±0.1	1.1±0.1
G 点水样	0.98±0.02	0.81±0.08
K 点水样	1.3±0.1	1.9±0.1
N 点水样	19±1	40±1

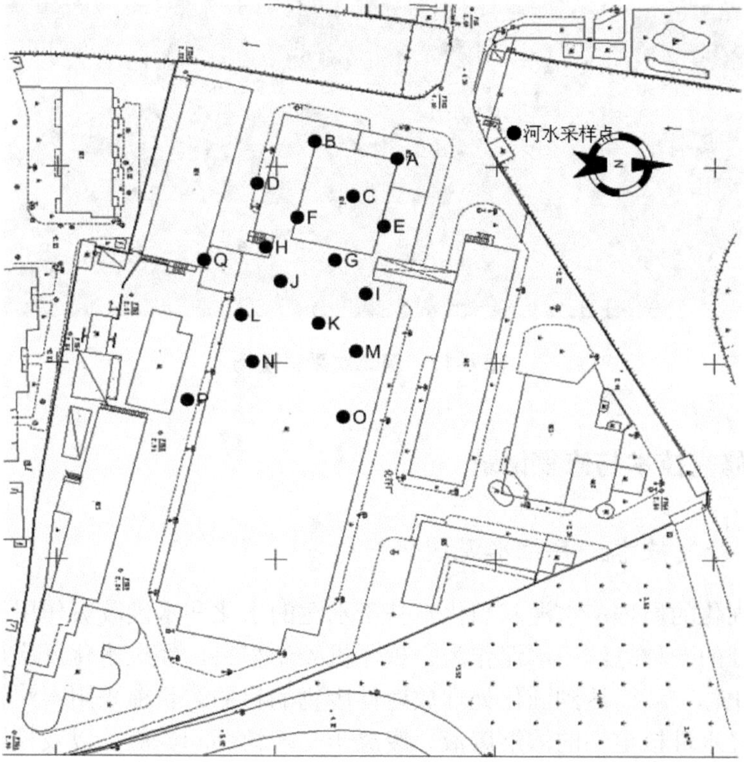

图 4-16　现场采样点位图

注：B、C、F、G、K、N 点同时采集了土壤和地表水。

图 4-17 第二次采样现场

三、修复技术与修复记录

（一）修复技术：异位水泥固化

水泥固化的原理：水泥基固化是基于水泥的水化和水硬胶凝作用而对废物进行固化处理的一种方法。水泥作为一种无机胶结材料，经过水化反应后形成坚硬的水泥固化体，从而达到固化处理放射性废物的目的。目前采用水泥基固化的废物主要是轻水堆核电站的浓缩废液、废离子交换树脂和滤渣，以及核燃料处理厂或其他核设备产生的各种放射性废物。

水泥固化放射性废物的工艺很多，主要有常规水泥固化处理工艺、贮桶内混合、外部混合后装桶、水泥压裂、冷压水泥、热压水泥等方法。贮桶内混合法特别适合于处理废液。该工艺可分为两种：一种是将可升降的搅拌器下降到贮桶中搅拌。另一种是在贮桶中加入水泥及捣动作用的重物，泵入要处理的废液，然后加盖封严送到滚翻或震动台架上翻滚或震动，使废物和水泥混合。前者混合均匀，但要清洗搅拌器，容易污染；后者操作简单，但混合均匀程度差。外部混合后装桶法是水泥和废物在混合器里混合好后再装入贮桶。水泥裂压法是一种处置放射性废液的方法，它是利用石油开采技术，把由中低放废液、水泥和添加剂形成的灰浆注入到200～300 m深不渗透的页岩层中，再把页岩层压出裂缝，使灰浆渗入到页岩层中去，并固结在其中。冷压水泥法是把焚烧灰和水泥的混合物压成小圆柱体，得到含水量低、废物包容量高达 65%的固化体。热压水泥法是在较高的温度和压力下，获得高强度、高密度、低含水量、低孔隙率和透气性的固化体。

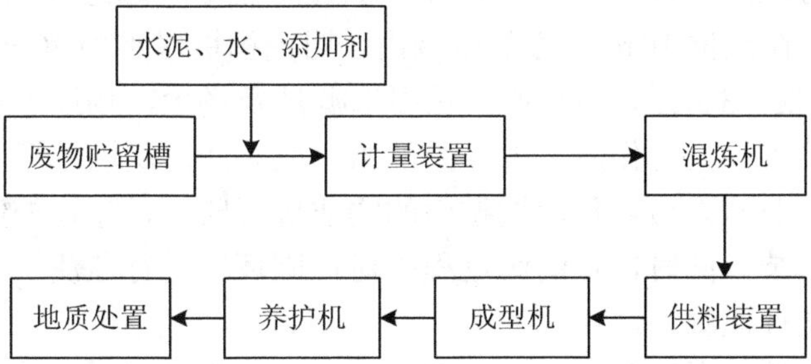

图 4-18　水泥固化原理示意图

（二）现场监测记录

东方威尼斯二期（2005 年 12 月）

监测单位：宁波环境监测中心 港务局

分析单位：浙江省辐射站

原先初步探测出 13 个有问题的点

测量经纬度，定点，编号

监测因子：钍 232

本底：用直读式仪器测量工地的本底值

测量后发现，在河的西岸区块仪器读数最低 0.08 nGy/h（原先初探的 13 个点全部在河的东岸）。

开挖：

按 10 m×10 m×3 m 的大小进行开挖，深度是指从回填层以下开始 3m，先由挖掘机刨掉回填层，挖出一斗即用直读式仪器测量。如果超过 0.15 nGy/h，我们认为有问题的放在一堆，没问题的放在另一堆。有问题的那堆由小工铲入编织袋，扎好，由我们进去取样，然后由省辐射站的现场实验室分析记录。如果一天一个坑没挖完，第二天则需先用抽水机抽水，再进行挖掘，通过挖出的土壤的物理特性可以分析造成污染的原因是放射性废渣的随意丢弃。

运输：中午由密封的箱式货车统一运送至北仑固废填埋场，粗略统计，大概有 300t 的问题土壤运送到这里进行处理，北仑固废填埋场用水泥将这些土壤固化后填埋。

（三）地块清污工作日志

第一次清污范围：1、2、7、15、18 和 29 号这 6 个超过 0.3Bq/g 的点位。

清污方式：在点位 10m 见方的范围内，用挖掘机以平均 30cm 的厚度进行挖掘，深度要求到达 3m。为防止产生过多渗滤液及扬尘，场地内视天气情况进行适当的湿润。结束一天工作后，视开挖现场情况对开挖现场进行适当湿润。

清污监测：监测人员对每次挖掘出的物质进行监测，超过控制标准的用带有内衬的编织袋包装。同时，在清污过程中对周围环境进行监测。结束一天工作后对未超标土堆进行监测。

暂存：要求地面采取防渗措施，在结束一天工作进行清点数量后采取防雨措施，并进行监测。

运输：为防止污染物在运输途中遗落，要求用密闭车辆进行运输。装运完成后对车厢外部进行监测，并填写《污染物处置联单》。

四、修复后的调查监测

2008 年 6 月 12 日，浙江省辐射环境监测站（原国家环境保护总局辐射环境监测技术中心）、宁波市环境监测中心对该地块周围辐射水平进行了调查，结果表明，经监测宁波东方威尼斯住宅小区（Ⅱ期）室外环境陆地γ剂量率为 92～132nGy/h，根据《全国环境天然贯穿辐射水平调查研究（1983—1990）》调查结果：浙江省道路γ剂量率为 15.1～185.3nGy/h；本次监测结果表明，宁波东方威尼斯住宅小区（Ⅱ期）室外环境陆地γ剂量率在环境本底水平范围内。

表 4-21　环境陆地γ辐射剂量率测量结果　　单位：nGy/h

测点编号	测量值	标准偏差	测点编号	测量值	标准偏差	测点编号	测量值	标准偏差
1	98	2	25	127	2	49	102	2
2	100	4	26	124	2	50	102	3
3	94	2	27	117	3	51	98	2
4	95	1	28	111	4	52	103	1
5	104	3	29	118	3	53	95	5
6	111	2	30	118	3	54	97	3
7	118	3	31	94	2	55	92	1
8	102	5	32	103	2	56	93	5
9	96	1	33	105	4	57	105	3
10	116	1	34	95	2	58	122	3
11	92	1	35	95	2	59	94	3
12	95	1	36	125	4	60	95	3
13	98	3	37	130	6	61	100	2
14	117	4	38	130	4	62	106	4
15	107	7	39	132	5	63	110	3
16	120	4	40	123	5	64	94	5
17	129	2	41	117	3	65	110	3
18	122	2	42	114	3	66	113	2
19	123	1	43	114	3	67	118	1
20	118	3	44	129	5	68	124	2
21	122	4	45	129	5	69	113	3
22	110	5	46	105	4	70	113	3
23	107	3	47	106	2	—	—	—
24	121	1	48	101	1	—	—	—

注：已扣除宇宙射线响应值。

图 4-19 现场测量点位示意图

第五节 原宁波制药厂（异位修复）

一、项目概况

（一）原有企业概况

原宁波制药厂是 1959 年 9 月将宁波微生物厂（原颗粒肥料厂）并入后，正式将厂址搬迁到该地块（现在的北郊路 151 号），该地块东临姚江，南面范江岸路，占地 2.90 hm^2。2001 年，由原宁波制药厂和原宁波第二制药厂等企业合并成立宁波大红鹰药业股份有限公司，公司位于宁波科技园区，合并前，全厂职工 341 名，固定资产 5708 万元，年产原料药和成品药 10 多种，产值 6000 多万元。2002 年 11 月，原宁波制药厂搬入位于宁波科技园区的 GMP 新厂区，原宁波制药厂地块一直闲置。

由于该地块作为制药用途已有 40 多年的历史，而且 2006 年 8 月，由于原厂址污水处理池内留有不明化工残液，因物资回收公司将池盖掀开，导致残液处于露天状态，发出化工溶剂异味，发生了周边居民投诉事件，当时虽经宁波市环境监察支队处理，将其中的一部分不明化工残液运走，并将池盖掩埋、回填，但仍有残留，为此，宁波市环境监测中心受宁波市城市土地储备中心委托，对该地块进行了环境污染现状调查与评估，初步确定了原宁波制药厂地块西北角的土壤受到了一定程度的挥发性有机物污染。

（二）污染场地调查情况

2008 年 2 月 28 日，宁波雅戈尔置业有限公司，在宁波市国有建设用地使用权挂牌出让中，竞得宁波北郊路以西地块的国有建设用地使用权，用于住宅开发。2008 年 8 月，宁波甬绿环境保护技术工程有限公司受宁波雅戈尔北城置业有限公司委托，承包原宁波制药厂地块污染场地清理修复工程，合同签订后，宁波甬绿环境保护技术工程有限公司邀请国内在污染土壤评估与修复领域具有一流水准的北京博诚立新环境科技有限公司作为本次清理修复工程的技术支撑单位。

宁波甬绿环境保护技术工程有限公司在宁波市环境监测中心于 2007 年 5 月 9 日编制的《原宁波制药厂地块环境污染现状调查与评估（报批稿）》的基础上，对宁波北郊路以西地块内的原宁波制药厂地块污染场地，进行了场地污染状况加密调查和评估工作，并于 2008 年 9 月中旬完成该项工作。根据本次详细调查、分析和评估确定的场地污染范围和程度，结合场地未来作为住宅用地开发的实际要求，通过比较论证几种主要土壤修复方法的技术性、经济性和时效性，优选出最适合本地块污染场地修复的技术，经周密考虑清理修复工程所涉及施工准备、清运工作、安全防护、应急措施、监督管理和计划进度等各方面的情况后，于 2008 年 10 月 6 日编制出具《原宁波制药厂地块污染土壤加密调查评估与修复实施方案》。2008 年 10 月 15 日，宁波雅戈尔北城置业有限公司组织专家对《原宁波制药厂地块污染土壤加密调查评估与修复实施方案》进行评审，经过与会代表会前的实地踏勘和会中的质疑、讨论，形成专家评审意见。会后，宁波甬绿环境保护技术工程有限公司根据本次专家评审会提出的专家评审意见的要求，于 10 月 20 日对污染现场进行了复查，对各项要求进行逐一落实，补充细化了原 6#点和 4#点土壤污染状况的监测、各类污染土壤总量的估算方法、施工过程的风险评估和污水排放与处理措施，进一步核实了污染土壤的平面、深度范围及开挖后可能在数量上的变化，并明确说明了第一次调查所得地块地下水的情况，最后形成该《原宁波制药厂地块污染土壤修复实施方案（报批稿）》。

二、主要污染区域的确定

根据第一次调查、加密调查和复查得到的各点现场情况和测试分析结果综合考虑，并在平面和深度范围内留有一定安全余量，最终确定了需进行清理修复的污染范围，约 928 m^2，可以划分为两个区域，即污水池污染区（约 100 m^2）和其他污染区（约 828 m^2，包含原 4#点和 6#点）。

（一）污水池污染区

污水池及其邻近区域（约 10 m×10 m）上部一层约 0.3～1.5 m 回填塘渣以下约有 3～4 m 受到严重污染的塘渣和黏土层。受污染的塘渣深约 1.5 m（约有 150 m^3），表层受到油状有机物污染，适宜热脱附处置。受污染的黏土层深约 2.5 m（约有 250 m^3）有机物浓度高，且夹杂渗透着成分、来源复杂的黑色或红色油状废液、废渣，毒性较大，可视作危险废物，适宜焚烧处置。

（二）其他污染区

除污水池污染区外，其他受污染区域在上部一层 1.0～2.0 m 不等的回填塘渣下面存在一层平均厚约 0.5 m 的受严重污染的黑色淤泥层（约有 414 m^3），普遍有机物浓度较高，且掺杂渗透着成分、来源复杂的黑色或红色油状废液、废渣，毒性较大，可视作危险废物，适宜焚烧处置。在黑色淤泥层上部有一层平均厚约 0.5 m 的回填塘渣（约有 414 m^3）表层受到油状有机物污染，适宜热脱附处置。

另外，受到油状物污染的回填塘渣上部有平均厚约 0.3 m 的塘渣（约 278.4 m^3），再加上污水池污染区受污染黏土层以下及其他污染区黑色淤泥层以下平均厚约 0.3 m 的黏土（约 278.4 m^3），各污染指标低于修复值 10 倍，适宜送填埋场卫生填埋处置。

因此，共有约 664 m^3，合计 1 195.2 t 危险废物需进行焚烧处置；约有 564 m^3，合计 1 269 t 受污染塘渣需进行热脱附处置；约 556.8 m^3，合计 1 127.52 t 土壤和回填塘渣需进行填埋处置（黏土容重取 1.8 t/m^3，回填塘渣容重取 2.25 t/m^3）。由于该项目与原宁波化工研究为同期修复的项目，环保监管部门的统计数据见表 4-1。

部分点位污染情况照片见图 4-20（a）—（h）。

图 4-20（a）　2-4 点位污染情况

图 4-20（b）　2-8 点位污染情况

图 4-20（c） 2-11 点位污染情况

图 4-20（d） 2-12 点位污染情况

图 4-20（e）　2-13 点位污染情况

图 4-20（f）　G-2 点位污染情况

图 4-20（g） G-8 点位污染情况

图 4-20（h） G-10 点位污染情况

三、修复技术筛选

从修复技术的阐述中可知，对于该地块污染土壤的修复，有以下一些主要处置技术可用，气相抽提、热电偶一抽提、生物修复、生物通风、化学淋洗技术、热脱附及焚烧技术。

（1）综合比较各种技术的优缺点，对可选用的修复技术进行筛选，气相抽提和热电偶一抽提修复技术对挥发性有机污染物污染场地的修复，效果显著，但从该地块污染场地地质条件分析来看，由于从地下约 1.0m 至地下约 11.0m 处，主要为密实的褐色、灰褐色黏土，部分点位夹有少量黏粉，土壤渗透性非常差，因此不适合采用气相抽提和热电偶一抽提修复技术来修复本地块污染土壤。

（2）由于生物修复技术耗时很长，且通常适用于污染土壤量大而污染物浓度低的地块的修复，由于该地块局部污染物浓度较高，污染土壤的量不是很大，再综合考虑该地块开发的进度计划要求，该地块污染场地的修复，不考虑选用生物修复和生物通风修复技术。

（3）由于该地块的开发进度，业主要求比较快地开发，对于该地块的修复，不宜采用修复时间很长的原位修复技术，宜采用异位修复技术。

（4）在可适用的几种异位修复技术中，化学淋洗技术在处理有机物污染土壤时，对单一污染组分的效果比较好，采用该技术，处理不当容易引起二次污染，淋洗后的溶液还需要进行进一步处理，使处置过程变得复杂，耗时也很长，由于该地块污染组分不是单一组分，考虑对该地块修复的时效性，因此淋洗不是最佳的处置技术。

（5）焚烧技术是一种比较成熟的修复技术，但也是一种处置成本最高的技术，处置成本比热脱附和淋洗法要高很多，但考虑到本地块局部土壤有机物污染浓度高，且夹杂渗透有成分、来源复杂的废液、废渣，危害性大，可视作危险废物且用其他方法不宜处理或处理后不易达标，故宜用焚烧技术对危险废物进行彻底处置。

（6）热脱附技术在修复有机污染土壤方面，是一种成熟可靠的技术，可适用于多种污染组分的处置，对挥发性有机污染物，半挥发性有机污染物和持久性有机污染物都很有效。可修复一般的土壤，也可用于淤泥等难处置土壤的修复。在美国 90 年代后应用非常广泛。处置成本比焚烧低很多。在美国国内污染物的处置方面，在 90 年代末期，热脱附处理方式逐渐占据主导地位。

目前在美国和欧洲一些发达国家，采用热脱附技术进行有机污染土壤修复的装置比例要占 70%以上，并且装置的最大处置能力可达 160t/h，因而可以说，热脱附装置在技术成熟性和规模化应用方面有着充分的保证，热脱附技术同焚烧技术相比，处置成本要比焚烧低很多，能耗也小很多，是一种经济环保的修复技术。因此，对于受到油状有机物污染的回填塘渣进行热脱附处置，是方便、经济和有效的。

因此，根据该地块的实际污染现状，考虑地块业主的时效性要求，并综合考虑修复技术的成熟可靠性及处置成本的经济性，我们拟对可视作危险废物的高浓度污染土壤进行焚烧处置；对中浓度污染的回填塘渣进行热脱附处置；对低污染土壤和回填塘渣送往垃圾填埋场进行填埋处置。

四、修复方案的实施

（一）修复方案的实施概况

根据宁波市环保局下发的《关于要求批准原宁波制药厂地块土壤修复实施方案请示的复函》（甬环发函[2008]30 号）的要求及经宁波市环保局备案的《原宁波制药厂地块污染土壤修复实施方案（报批稿）》（以下简称《实施方案》），在相关环保部门的监管下，原宁波制药厂地块污染土壤修复工程从 2008 年 12 月 3 日开始施工准备，同年 12 月 8 日正式开始施工，并按进度计划于同年 12 月 30 日竣工，历时 27 天（其中 12 月 28 日下中雨，未进行施工）。工程计划修复面积约 $928\,m^2$，实际修复面积约 $2309\,m^2$，修复深度范围为 1.8～4.0 m，见图 4-31。工程共清理运送 6955.54 t 低污染渣土至大岙生活垃圾填埋场（以下简称大岙填埋场）处置，清理运送 403.12t 中污染渣土至宁波大地化工环保有限公司（以下简称宁波大地公司）处置，清理运送 64.13 t 危险废物（含大于 200 mm×200 mm×200 mm 的石块）至宁波大地公司处置，清理运送 326.38t 危险废物至宁波北仑工业固废处置站（以下简称北仑固废站）处置。

（二）施工准备

1. 前期协调

按照相关环保部门和《实施方案》的要求，在正式开工前，做好了与业主、环保监管部门、街道和社区、技术服务方、清运施工方、焚烧处置方、热脱附处置方和填埋处置方的协调沟通工作，为工程的顺利开展奠定了坚实的基础。

2. 安全教育与培训

根据《实施方案》的要求，在施工准备阶段，对进场工作人员包括现场管理人员、清运人员、挖掘机司机、运输司机和押运人员等进行了安全、文明施工教育，强调现场工作的特殊性，并按照有关规范要求进行作业。

3．清运现场准备

（1）人员配置

人员配置主要由现场管理人员、现场作业人员、运输司机和押运人员组成，各成员各就其职，各负其责。其中现场管理人员 2 人；现场作业人员主要包括车辆清洗人员 2 人，污染物包装、装车人员 5 人，排水人员 2 人，喷雾除臭人员 2 人，挖掘机司机 2 人，粉碎机司机 1 人和值班人员 2 人，共计 16 人；押运人员 3 人；运输司机若干。

（2）现场场地清理

在施工准备阶段，对污染场地表面的杂草和建筑垃圾进行了清理和平整，以方便施工。另外，在技术服务方的指导下，根据加密调查的结果，用石灰粉放样，确定了修复边界及边沟位置，以利于准确定位与施工。

（3）基础设施准备

正式开工前，清运施工方按要求落实了清运现场的供水和供电问题，并平整了道路，以承担运输车辆的装载及运输要求。在污染区出口处设置了设备清洗池，如图 4-21 所示，清洗池包括清洗槽（图右）和蓄水池（图左）组合而成。清洗槽浇筑在原混凝土路面上，采用砖混结构，规格为 12.6 m×4 m×0.25 m，其上每隔 0.2 m 铺筑一根 20 号槽钢，共 32 根；地下式蓄水池亦采用砖混结构，以防止渗漏，规格为 3.5 m×2.0 m×1.0 m，清洗槽和蓄水池之间用 PVC 管连接。

图 4-21　设备清洗池

（4）作业工具准备

正式开工前，根据《实施方案》，准备了相应的作业工具，包括大型器械、场地清理作业器具、运输及工程防护用具、个人安全防护用具，应急用具等。其中，袋装或桶装污染物的吊装，未启用吊车和叉车，而用更利于现场操作的挖掘机代替；根据实际情况调整配备了相应的运输车辆，送往北仑固废站的运输车采用中型货车，送往宁波大地公司的运输车采用中型货车或重型半挂索引车，而送往大岙填埋场的运输车采用15t自卸货车，另配备了型号200和型号120的挖掘机各一辆，型号200的粉碎机一辆；根据现场施工条件，喷雾除臭工作采用手动喷雾器人工喷洒除臭药剂的方式进行，以便更有针对性和灵活性，并安排专人负责喷雾除臭工作。

（三）清运施工

1．分类处置

根据《实施方案》和加密调查过程中PID读数和实际化学分析指标值的关系，结合现场污染情况，将PID读数≤1.2ppm的渣土视为无污染渣土；PID读数在1.2ppm到10ppm（含10ppm）之间的渣土作为低污染渣土处置；将PID读数在10ppm以上的不含废液、废渣的渣土作为中污染渣土处置；而将PID读数在10ppm以上的含废液、废渣的渣土或纯的废液、废渣作为危险废物处置（其中含大于200mm×200mm×200mm的石块的危险废物送往宁波大地公司处置，其他送往北仑固废站处置），每车次作污染物挥发性有机物PID读数记录。

2．挖掘装运

挖掘装运作业原则上遵循按顺序分块作业的程序，先治理污染重的区域，后治理污染轻的区域，并根据具体污染和施工情况做了相应调整，在整个施工工期内未发生一起施工意外伤害事故、火灾事故及运输途中污染物泄漏事故和交通事故，做到了安全、文明、卫生施工和运输。

（1）挖掘作业

施工过程中，通过对渣土进行PID仪器测试和人工观察辨别，结合分类处置方案，区分无污染渣土、低污染渣土、中污染渣土和危险废物，其中无污染渣土用型号200的挖掘机进行挖掘，直接装入15t自卸车运送至场地临时堆放处，低污染渣土直接用型号200的挖掘机进行挖掘，并装入15t自卸车，中污染渣土和危险废物则用型号120装配有小挖斗的挖掘机进行挖掘并装入太空袋（其中流体状危险废物则人工用大塑料勺或铁铲装入铁桶密封包装）。

在挖掘作业过程中，遇到的问题及相应的解决方法如下：

1）在挖运作业开工前，为方便挖掘机和车辆进出，离主污染区计划修复范围边界外约 5m 处，围绕修复范围边界挖了一条宽约 2m，深约 2m 的排水边沟，均挖至黏土层为止，由于场地北边均为混凝土板，因此场地北边未挖边沟，而作为过车通道利用。在排水边沟挖掘过程中，发现三处新的污染点，分别位于主污染区的西北、西南和东南边，因此，在边沟挖掘时绕开了该三个污染点，沿其外围无污染的区域继续挖掘，将其围在边沟内侧并做好标记，等到挖运作业至此处时进行清理。

2）在清理 A 区污水池内及其周边污染物时，发现 A 区污水池北边，处于 C、D、E 区之间的构筑物为一地上污水池，池壁已遭破坏，仅剩池底，加密调查中图 4-20 中的 2-4 和图 4-31 中的 g-7 两污染点即处在该地上污水池的范围内，经现场观察和仪器测试，表层污染物 PID 读数达几十 ppm，臭味大，污染严重。根据这一新情况，我们考虑在清理完 A 区污水池后，集中优先清理该地上污水池，以减少后期施工臭味影响。

3）在清理 A 区污水池周边污染物时，发现其池底周边有油状污染物流出，臭味较大，PID 读数在 100 ppm 左右，并且在清理掉池底边沿污染物后，仍有油状污染物流出，可能是由于 2006 年物资回收公司回收物资时，将池子破坏而引起池内污染物外流渗入池底所致，由于油状污染物已渗入池底内部深处，因此，决定起用粉碎机粉碎 A 区污水池以彻底治理土壤污染问题，粉碎过程如图 4-22。具体操作：先将池内污染物及池周边粉碎时粉碎物容易溅到的污染物清理干净，以防止二次污染，在清理池内污染物时，发现池子西部池底两凹槽内有较多红棕色废液、废渣，流动性强，且 PID 读数＞199 ppm，因此，人工用勺子和铁铲将其装入铁桶中，视作危险废物处置，在清理池周边污染物时，在池的一角挖一个深坑，使池底积水及周边上层滞水汇集于此，并及时将汇集水抽至边沟排水处；再在池周围沿池底挖一条与深坑相通的小沟渠以汇集不断从池底渗出的油状物，并人工用勺子和铁铲将油状物装入铁桶中，视作危险废物处置；当池内及池周边污染物清理完毕后，用厚木板将沟渠和深坑盖住，防止池子粉碎时溅出的混凝土块沾到油状物后引起二次污染；由于污水池受污水浸渍时间较长，粉碎后的混凝土块 PID 读数达几个 ppm，因此当作低污染渣土送至大岙填埋场填埋处置，其余池底污染物视 PID 读数和具体情况作低污染渣土、中污染渣土和危险废物处置。

图 4-22 粉碎 A 区污水池（池内污染物已清理完毕）

4）清理处于 C、D 和 E 区的地上污水池时，由于池内有积水，考虑先将池内积水抽排干净后再行清理池内污染物，发现池子和 A 区污水池一样也分两格，靠池子北部池底有两凹槽，池底及凹槽内也有较多红棕色废液、废渣存在，但流动性不强，PID 读数＞199 ppm，因此，洒上木屑吸除水分后，通过人工配合挖掘机装袋进行清理，视作危险废物处置，见图 4-23。在清理池子周边污染物时，也发现池底周边有油状污染物流出，臭味较大，PID 读数在几十 ppm，因此，决定起用粉碎机粉碎该地上污水池以彻底治理土壤污染问题，具体操作和处置方法同 A 区污水池的粉碎过程，粉碎后的混凝土块 PID 读数亦达几个 ppm，送至大岙填埋场填埋处置。

5）在清理修复 B 区东部、C 区东部和 E 区时，发现原加密调查中的 g-2、g-3 和 g-5 所在位置为一条石块堆砌而成的暗沟，即图 4-31 中 g-2、g-3 和 g-5 等监测点所在的那条线，该暗沟内及周边普遍含有油状废液、废渣，局部污染物 PID 读数＞199 ppm，该污染沟位置的明确在一定程度上为该部分污染治理指明了方向，我们采取沿沟走向整体推进的办法，对沟内及周边污染物进行集中清理，使污染土壤修复工作有重点、有方向，事实证明，这一办法是富有成效的。

图 4-23　处于 C、D 和 E 区的地上污水池内危险废物装袋

6）在挖掘施工过程中，在原计划修复范围外，不断出现新的污染源，导致实际修复面积远大于计划修复面积，新出现的污染源主要分布于加密调查确定的主污染区的东南边、西边、西北边、西南边和北边，及 F 区的东南边，具体情况如下。

①主污染区的东南边。

在清理 B 区和 C 区东部时，发现主污染区的东南边深度 2.5～3.0 m 处存在一黑色层，有较强烈臭味，PID 读数达几十 ppm，对该部分污染物，根据 PID 读数和有无废液、废渣进行了相应的处置。

②主污染区的西边、西北边和西南边。

主污染区的西边和西北边，以开挖时露出的桩基判断，仍处在污水处理系统内，但污水池均已不存在，仅剩池底桩基，污染物均为由混杂于渣土中的大量挂膜填料引起的低污染渣土。主污染区西南边出现的新污染源即为排水边沟挖掘时新发现的污染点，在清理修复开挖后发现为一条东西走向的小沟，内有少量油状废液、废渣，因此，我们沿污染沟走向对该沟进行清理，最后确定小沟污染长度为 5 m 左右。

③主污染区的北边。

在清理D区污染物时，发现在D区北边的混凝土板以下约1.5m处存在一层厚约0.5m的污染层，局部夹杂红棕色废液和废渣，PID读数>199ppm，有强烈恶臭，发现问题后，根据污染情况，我们采取了由南往北推进、分层治理的方法对此进行了集中治理，先将表层无污染的混凝土板和塘渣用15t自卸车运至现场指定堆放处，再清理无污染塘渣下层的低污染渣土，最后根据PID读数和其是否夹杂废液、废渣来区分中污染渣土和危险废物，以进行相应处置；E区北边，则为图4-31中g-2、g-3和g-5等监测点所在暗沟的延伸部分，在暗沟内存在流体状废液，有强烈粪便味，疑似原料吲哚，因此，人工用勺子和铁铲将此废液装入铁桶中，视作危险废物处置，如图4-24所示。

图4-24 E区北边流体危险废物装桶

④F区的东南边。

在清理F区的过程中，发现F区的东南边存在一石块堆砌而成的暗沟，内含油状废液、废渣，PID读数达数十ppm，视作危险废物处置，我们根据暗沟走向对此进行了追根溯源式的清理。

（2）装卸运输

危险废物或中污染渣土在装袋前，先将太空袋固定在根据袋的大小特制的钢架上，钢架底部垫上木板并在板上铺好木屑，以防止装袋时不小心洒落的污染物引起二次污染，然后用装配有小挖斗的挖掘机将危险废物或中污染渣土缓慢装入太空袋中，用铅丝扎好袋口，如果危险废物或中污染渣土比较湿时，则应洒上木屑，用挖掘机搅拌以将水分吸附于木屑中，然后装入太空袋（其中流体状危险废物则人工用大塑料勺或铁铲装入铁桶中密封包装）。所有袋装或桶装污染物在包装表面用记号笔标上污染物类型、运送去向和 PID 读数后，用挖掘机缓慢吊到修复场地东边的指定区域按次序分类、平稳堆放，堆放区域分三块，分别堆放送宁波大地公司处置的中污染渣土、危险废物和送北仑固废站处置的危险废物。当天未能运走的袋装或桶装污染物用防水雨布遮盖以防止二次污染，如图 4-25 所示。

图 4-25 用防水雨布遮盖后暂存的袋装污染物

运输车辆出门前均在车斗底部铺垫和在车斗顶部加盖防水雨布，其中运送低污染渣土至大岙填埋场处置所用的 15t 自卸车，因为其车斗四周和底部密封性好，且渣土含水量低，所以直接用挖掘机将渣土装入车斗，并在车斗顶部加盖防水雨布即可，同时确保每车所装低污染渣土的高度不超过车斗顶部，防止了污染物的泄漏。

每趟车队配备了一名经过专业培训的押运人员，专门负责将污染物安全押送至处置地，并随时检查运输途中污染物的安全情况，做好相应污染物的押运与交接记录，其中危险废物则按相关规定严格实行转移联单制度，送往宁波大地公司处置的中污染渣土交接单，送往大岙填埋场处置的低污染渣土交接单，送往北仑固废站处置的危险废物转移联单及记录表，送往宁波大地公司处置的危险废物转移联单及记录表，都一应俱全。在施工过程中，运输车辆严格按照《实施方案》中确定的运输路线，做到了所有车辆在清洗池内清洗干净后才准上路，清洗过程如图 4-26 所示，防止了对场外道路的污染。

图 4-26 车辆清洗

3. 污水排放

在挖运作业开工前，离计划修复范围边界约 5m 处，围绕修复范围边界挖了一条宽约 2m，深约 2m 的边沟，并在修复场地北边留一通车过道。由于选择在冬季施工，气候干燥，降雨量少，场地内上层滞水较少，极大地减少了污水排放量及由于修复场地中水流造成的二次污染问题，为施工带来了很大的方便。修复范围内所有积水均用水泵抽至排水边沟排水处，沉淀后再由水泵直接排入厂址东边的永丰北路市政污水管道，另外，最终的设备洗涤废水也均排入永丰北路市政污水管道。永丰北路市政污水管道中的污水最终排入宁波市北区污水处理厂进行处理，排水边沟排水处如图 4-27 所示。

图 4-27　排水边沟排水处

4．施工结束

整个修复工程按要求施工结束后，对照加密调查污染情况及现场实际污染情况，对修复后的场地进行一次逐一排查，除个别点位发现表层仍有污染物残留，尚未清理干净外，未发现其他异常点位，对排查时发现的污染点位进行了及时清理，清理工作结束后，用挖掘机对开挖表面进行了平整，以利于排水。在验收工作开展前，安排了 2 名值班人员负责现场看护和积水抽排的工作，以维护场地安全及方便验收工作的开展。

（四）污染防治与居民沟通

本污染场地的污染物主要为挥发性有机物，为了防止施工过程中逸出的异味及施工产生的噪声和扬尘影响附近居民的正常生活，并取得附近居民对本土壤修复项目的理解和支持，我们积极做好了相关污染防治和居民沟通工作，并对前来施工场地询问的居民给予耐心的解释，取得了良好的效果。

1. 噪声防治

施工期间的噪声源主要是挖掘机、粉碎机和运输车辆等施工机械设备。根据《宁波市环境污染防治规定》的要求：在城市噪声敏感建筑物集中区域内，禁止在夜间二十二时至次日六时进行产生环境噪声污染的建筑施工作业。考虑到本项目的特殊性，防止噪声问题引发不必要的纠纷，业主单位和我公司在江北环保分局的协助下，和文教街道办事处、相关社区居委会及民居代表进行了积极、有效的沟通和协商，与相关单位和民居代表就施工相关问题达成了一致，并根据他们的意见和建议，对施工时间进行了相应调整：机械作业时间定为8：00－17：00，中午尽量避开休息时间，晚上不施工，这对减少施工过程中噪声、扬尘和臭气污染问题对附近居民的影响均有较大作用。由于粉碎机粉碎污水池时的噪声较大，因此污水池粉碎选择在9：00－12：00和13：30－17：00两个时段进行，有效减少了粉碎噪声对附近居民生活的影响。另外，我们要求清运施工方维修、管理高噪声的器具，使设备处于低噪声、良好的工作状态，并强调工地内严禁鸣喇叭，严禁大声喧哗，最大限度地减少了噪声对附近居民生活的影响。

2. 扬尘防治

施工期间的扬尘主要包括土方挖掘扬尘和现场堆放扬尘及运输车辆造成的道路扬尘（包括工地道路扬尘和场外道路扬尘）。针对土方挖掘和现场堆放扬尘，我们主要通过在渣土挖掘、装卸过程中做到减缓速度和降低落差的方式来进行抑制，由于修复场地中仅表层渣土较干燥，在挖掘、装卸过程中易产生扬尘，因此土方挖掘和现场堆放扬尘的影响很小；由于表层渣土较干燥，在车辆的不断碾压下易形成细小粉尘，因此运输车辆造成的道路扬尘影响较大，若不采取有效措施，在不利风向下会造成一定的扬尘污染问题，为此，针对工地道路扬尘问题，我们通过经常在车辆行驶的路面洒水进行抑制，如图4-28所示，并要求进出车辆缓行以减少扬尘量，另外，针对场外道路扬尘问题，我们在污染区出口设置了设备清洗池，安排专人用高压清洗机对出门车辆进行清洗，有效防止了由运输车辆引起的场外道路扬尘和污染问题，清洗池采用砖混结构，池子内壁用混凝土抹平，有效防止了因渗漏而产生的二次污染问题。

图 4-28　道路洒水防尘

3. 臭气防治

本污染场地的污染物主要为挥发性有机物，有一定异味，容易在挖掘施工过程中，因污染物的裸露而散发出臭气。因此，与噪声和扬尘问题相比，臭气问题是本项目最敏感的问题，容易产生扰民事件，为此，我们采取了以下措施防治臭气污染。

（1）喷洒异味清除剂

针对本场地的污染物类型，专门购买了以天然植物液为成分的化工溶剂异味清除剂母液，按厂方提供的比例稀释配制成工作液，并安排 2 人专职负责用手动喷雾器喷洒异味清除剂，不断针对气味较大的开挖表面进行喷洒除臭，如图 4-29 所示。从除臭效果来看，只要异味清除剂喷洒及时、足量，能在一定程度上抑制臭气的散发，尤其对污染物量少、污染程度低的污染区能明显降低其异味程度，但对污染程度较大的区域，如 A 区污水池及处于 C、D、E 区的地上污水池中的危险废物，挥发性有机物浓度很大，PID 读数能达 199 ppm 以上，对这些高浓度污染物异味的抑制作用持续时间有限，需不断喷洒。异味清除剂效果持续时间短暂的原因，除污染物量大、污染程度高外，还与药剂浓度和喷雾器的雾化直径有关，一方面降低药剂稀释比例，提高药剂浓度，可以在一定程度上增强除臭效果；

另一方面，减小喷雾器的雾化直径，使异味清除剂雾化成10～35 μm的微小颗粒并使其长时间飘浮在空中，因飘浮的微小颗粒能有效吸附空气中的异味分子，使被吸附的异味分子立体结构发生改变，从而达到消除、削弱、破坏异味分子化合键的目的，这样能最大限度地发挥异味清除剂的除臭效果。但由于修复场地条件所限，很难将一般用于室内除臭的过滤器、泵机组、控制箱和喷雾系统等整套设备安装在现场，且该套除臭系统缺乏灵活性，不能适应现场工作的需要，相比之下，人工喷雾方便灵活，更具可行性，在无其他更适用于现场喷雾除臭的设备问世之前，是不错的选择，但由于人工喷雾器压力有限，雾化直径较大，无法形成能长时间飘浮在空中的微小颗粒，严重影响了异味清除剂的除臭效果，另外，个别居民由于惯性思维的影响，会以为是在用喷雾器喷洒农药，因此做好该方面的解释工作很有必要。

图 4-29 喷洒药剂除臭

（2）覆盖异味表面

由于异味清除剂的除臭效果持续时间有限，因此每天施工结束后，需在有臭味的开挖表面喷洒异味清除剂2～3遍后，用木屑或沙土加以覆盖，以防止臭味逸出，如图4-30所示。从经济和环保的角度来看，木屑覆盖要比沙土覆盖经济、环保，而且效果也不亚于沙土，一方面，用沙土覆盖，由于沙土密度大，会增加污染物的处置量，从而增加处置成本，而木屑密度很小，基本对处置量无影响，也不会增加处置难度，且价格比沙土低很多，成本低廉；另一方面，木屑，尤其是樟树木屑，带有天然的香味，在覆盖抑制臭味的同时，还能带来天然香味，一举两得。因此，在选择覆盖异味表面的材料时，首选樟树木屑。

图 4-30 收工后用木屑覆盖气味较大表面

（3）其他臭气防治措施

在做好挖掘过程中异味清除剂的喷洒工作和施工结束后的异味表面覆盖工作的基础上，要经常关注天气情况，合理安排施工，加强现场管理，在保证工程质量的前提下，千方百计地加快施工进度，以减少工程施工对附近居民生活的影响。由于地下污染情况的复杂多变性，每天袋装污染物产生的量无法预计，且装袋操作时间较长，因此，当天产生的袋装污染物很难做到当天运走，只能分类暂存在离居民较远的指定存放处，并根据暂存的各类待处置的污染物的量，合理安排车辆，即时运送至处置单位处置，以防止现场污染物堆放过多，形成较大量的臭味逸出，因为太空袋很难完全密封。另外，根据《实施方案》的要求，先治理污染严重的区域，并根据施工过程中遇到的新情况，在给挖掘机和车辆进出留有余地的前提下，及时集中治理新发现的污染严重的区域，如本项目中处于 C、D、E 区的地上污水池，采取“先重后轻”的污染治理方法，减小施工后期臭气的影响，并可减少水流造成的二次污染的发生率和程度。

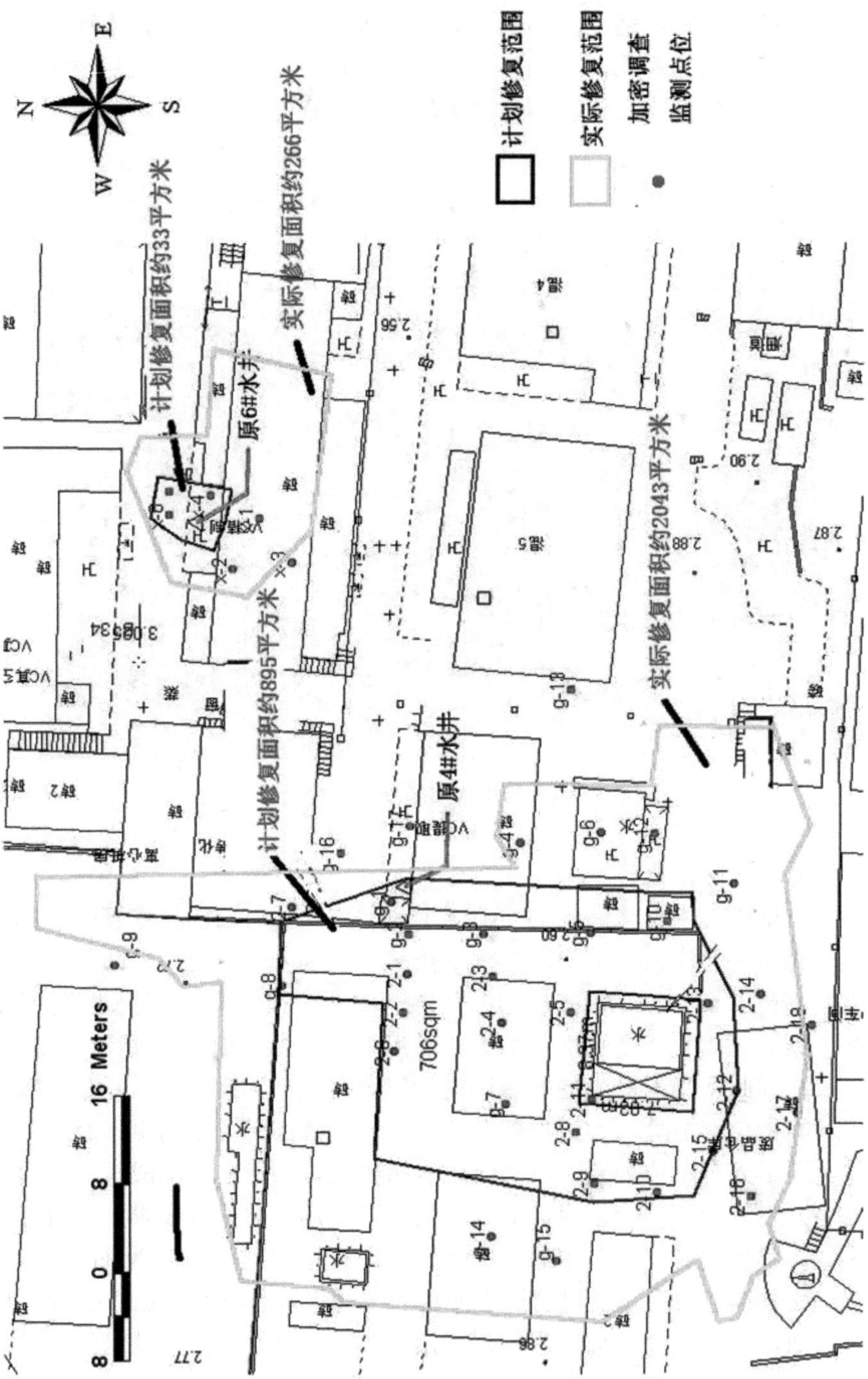
N
E
S
W
计划修复范围
实际修复范围
加密调查
监测点位
计划修复面积约33平方米
实际修复面积约266平方米
原6#水井
计划修复面积约895平方米
原4#水井
实际修复面积约2043平方米
706sqm
0
8
16 Meters

图 4-31　修复范围

（五）施工经验

在本项目的污染土壤清理修复过程中，遇到了不少问题和困难，通过对这些问题和困难的认真分析和思考，再结合现场施工的具体实践，总结得出一些类似项目的施工经验，供以后同类项目施工参考。

1. 合理选择施工时间

受挥发性有机物污染的土壤修复项目的治理，如果修复场地离小区等环境敏感目标较近，在施工时间选择上，则要综合考虑天气、气温和风向等因素：若施工期内降雨量小、降雨次数少，则由于上层滞水和雨水积水少，路面干硬，给排水、挖掘、装卸、运输和防护等工作带来极大的便利，能显著提高施工速度、效率和减少雨水、滞水流动造成的二次污染问题，因此，选择少雨或小雨的时间段进行施工，对土壤修复工作的顺利进行显得极其关键；另外，气温低、风向吹离环境敏感目标，则对小区等环境敏感目标的保护非常有利，若二者能同时满足，再加上其他臭气防治措施的配合，则能最大限度地保障人体健康，避免环境纠纷事件的发生，当天气，气温和风向等条件不能同时满足时，应首先满足天气少雨或小雨的要求，再权衡气温和风向两个因素，合理选择符合条件的施工时间；如果小区等环境敏感目标离修复场地较远，在修复工程影响范围之外，则只要满足施工期内降雨量小、降雨次数少的要求即可。对本项目来讲，选择在 12 月份施工，由于此时间段当地天气寒冷干燥，降雨量小，降雨次数少（整个施工期内，下雨天数为 4 天，以小雨为主），且以西北风为主导风向，而居民小区在修复场地西边，因此，天气、气温和风向等因素均有利于修复工程的顺利进行和人体健康的保障，给修复工程最终的按时竣工奠定了良好的基础。

2. 时刻关注天气情况

天气情况对土壤修复项目的现场施工影响很大，雨雪等不利天气的影响主要体现在以下两个方面。

（1）提高施工难度，影响施工进度。若雨雪量小，则影响不大，但也会给挖掘、运输和装卸等施工带来一定难度；若雨雪量大，则无法进行施工，且会显著增大排水的工作量，由于雨雪天气停止后开挖表面和路面仍泥泞，严重影响挖掘机、车辆和施工人员的进出与操作，对施工进度造成严重影响。

（2）增加防护难度，引起二次污染。雨雪天气，会增加污染物的流动性，导致污染物随水流扩散而污染已修复的区域，增加工程的工作量和污染物的处置量，雨雪也会给暂存的袋装污染物的防护工作带来一定压力；大雨导致的开挖周边的塌方，也容易引起二次污染问题，并给施工带来不便；另外，大雨能冲刷掉用于覆盖异味表面的沙土和木屑，严重影响用覆盖的方式抑制臭味的效果。

因此，要时刻关注天气情况，并及时做好以下几项防护工作：

（1）在雨雪天气来临前，及时清理完毕已开挖的污染区域，平整已修复的开挖表面，疏通排水渠道使水流汇集，并安排专人及时排水，防止污染物随水流扩散而引起二次污染。

（2）备足防水雨布，遮严暂存的袋装污染物，以防雨雪冲刷，引起二次污染，并合理安排运输，赶在大雨或大雪来临之前，及时将暂存的污染物运至相应处置单位。

（3）适当增大开挖范围，并对周边塘渣和土壤进行放坡和压实，减小塌方导致的二次污染及给施工带来的不便。

3．科学设置排水边沟

排水边沟的科学合理设置，可以经济、有效地防止修复范围外界的上层滞水流入修复场地，方便集中排水，并能有效防止场外水流引起的二次污染。排水边沟挖掘时应注意以下几个方面：

（1）若场地条件允许，排水边沟应设置在加密调查确定的修复边界以外8～10m处，一方面为挖掘机和车辆进出留有足够宽的过道，以方便挖掘施工；另一方面，由于地下污染情况具有复杂多变性，随着雨水的淋溶和流动，时间一久，污染物便会扩散，尤其是像原宁波制药厂这类历史悠久、地下情况不甚明朗的老厂地块土壤的修复，需要在加密调查确定的修复边界以外留有一定范围，以防出现不明污染源时，可以方便地加以清理。

（2）排水边沟深度应挖至黏土层以下0.5m左右，这样可以有效汇集污染区域外场地的上层滞水，防止其流入污染区域；在边沟排水处则应挖至黏土层以下1m左右，以利于汇集、抽排边沟中的来水。

（3）在排水边沟挖掘过程中，如果遇到新的污染点或污染区，应该绕开该污染点或区，沿其外围无污染的区域继续挖掘，将其围在边沟内侧并做好标记，待最后集中清理。

（4）在离场内运输道路最近的修复边界处，留一过道，以便挖掘机和车辆进出，宽度以挖掘机和运输车辆能顺利进出而不引起塌方为宜。

4．其他施工经验

在挥发性有机物污染场地清理修复工程的现场施工过程中，还应注意以下几点：

（1）先治理污染严重的区域，再治理污染轻的区域，以减小施工后期臭气的影响，并可减少水流造成的二次污染的发生率和程度。

（2）各污染区治理时，应该仔细检查，尽量做到一次性将污染物清理完毕，如果到施工后期发现问题再来重新治理，则挖掘机进入难度变大，而运输车辆则可能无法进入，因此会大大降低施工效率，增加施工成本。

（3）若遇到危险废物或中污染渣土比较湿时，则应洒上木屑，用挖掘机搅拌以便将水分吸附于木屑中，然后装入太空袋，这样能防止太空袋中水分的渗漏引起二次污染；流体状危险废物则应人工用铁铲或勺子将其装入铁桶中密封包装，如用挖掘机装盛，则容易洒落引起二次污染。

（4）用挖掘机进行污染物装袋时，一方面应给挖掘机配上小于袋口的挖斗，以尽可能减少装袋时污染物的洒落；另一方面，应该在固定太空袋的钢架下面铺上面积大于钢架的木板，并在木板上洒上木屑，以防止污染物装袋时的意外洒落，最后将被污染的木屑一并装袋处置。

（5）若需要粉碎污水池等构筑物时，应先将构筑物内及构筑物周围 2m 以内的污染物清理干净，以防止构筑物粉碎引起二次污染，增大污染物的处置量。

第六节　原浙东化工一厂（异位修复）

一、浙东化工一厂简介

浙东化工一厂始建于 1958 年，是国有企业，位于慈溪市庵东镇，属原慈溪市工业局管理。企业总占地面积 62 亩，其中 11 亩生活区在河西，厂区占地约 51 亩。其关停前有职工 200 余人。1958—1969 年期间，浙东化工一厂的主要产品为氯化钾、氯化镁、溴素、芒硝、氢氧化钾、烧碱、氯乙酸；1998 年关停前，主要产品为氯化石蜡、70、1211 灭火剂、氟化钾、2,4-二氯氟苯，所使用的原辅材料为盐卤、液氯、溴素、氟利昂 22、氯化钾、氯化钠、冰醋酸、2,4-二硝基氯苯、氟化钾、DMF、液蜡、氟化氢等。随着慈溪市经济飞速发展和城市化步伐的加快，该地块于 2004 年通过竞价拍卖的方式，被慈溪市中安房地产开发有限公司拍得，用于建设“滨海龙湾”住宅小区，用地功能由工业用地改变为居住用地。从浙东化工一厂的生产历史，结合对现场受污染土壤的调查分析，对该地块污染最严重、可能残留时间最长的是 2,4-二氯氟苯的生产物料和产品。

二、项目概况

2004 年根据慈溪市发展计划局慈计建[2004]218 号文立项批复，慈溪市中安房地产开发有限公司拟在其通过拍卖所得的慈溪市庵东镇（宏兴村）3#A、B 地块建设“滨海龙湾”住宅小区。但在工程地基的开挖过程中，施工监理、慈溪市建筑安装工程质量监督站等单位发现地基土异常。2005 年 4 月 20 日，慈溪市建筑安装工程质量监督站对慈溪市中安房地产开发有限公司和施工单位下达了停工通知单，要求暂停施工，对该地块土壤进行鉴定。由于该地块原为浙东化工一厂厂址，该厂曾生产过多种化工产品，为明确该地块土壤污染情况，慈溪市中安房地产开发有限公司要求对该地块污染现状进行监测和评价。

根据《国家环境保护总局办公厅关于切实做好企业搬迁过程中环境污染防治工作的通知》（环办[2004]147 号）的有关规定，慈溪中安房地产开发有限公司委托浙江省环境保护科学研究设计院负责承担本项目地块的污染现状调查工作。浙江省环境保护科学研究设计院在实地踏勘、历史资料调查收集、委托浙江省环境监测中心站进行监测、分析论证和征求有关环境保护部门意见等基础上，于 2005 年 9 月编制完成了《拟建“滨海龙湾”住宅小区地块污染现状调查评价报告》，并报慈溪市环境保护局进行审查。

2006 年 6 月，慈溪市庵东镇人民政府委托宁波市环境科学研究设计院对庵东镇“滨海龙湾”污染土壤换土和暂存工程作了环境影响报告表，其中具体参见《庵东镇“滨海龙湾”污染土壤换土和暂存工程作了环境影响报告表》及其批复。

2007 年 1 月，慈溪市庵东镇人民政府对该地块污染区域土壤进行了修复，主要方式是清运回填，本次挖掘深度约 3 m，清运污染土壤约 18 000 m^3。为了解修复后该地块的土壤污染情况，庵东镇人民政府委托浙江省环境监测中心对该地块清运后土壤进行调查监测和评价。浙江省环境监测中心人员于 2007 年 1 月对慈溪市庵东镇原浙东化工厂地块进行了现场探勘，并于 2007 年 2 月 8 日对第一次清运处理后的土壤和土壤渗滤水进行现场采样。由于原编号为 4#的 2426 车间残渣堆放点地块中污染物残留依然较高，庵东镇人民政府扩大该区域的挖掘范围及深度，在原下挖 3 m 深度的基础上再向下挖掘 3 m 左右的土壤，共清运 3 000 m^3 左右的污染土壤。浙江省环境监测中心根据挖掘后实际情况，又于 2007 年 3 月 4 日对第二次清运处理后的土壤进行了现场监测工作。在分析监测数据及查阅其他资料的基础上，编写了《慈溪市庵东镇原浙东化工厂区块土壤修复监测报告》。

三、换土工程实施前土壤污染调查

浙江省环境监测中心站对清运处理后的土壤进行了监测，在分析监测数据及查阅其他资料的基础上，编写了《慈溪市庵东镇原浙东化工厂区块土壤修复监测报告》。

（一）评价限值的确定

特殊污染物苯酚等由于未检索到国内外相关适用标准，经研究采用多介质环境目标值（MEG）法进行推算，推算模式如下

$$AMEG_{WH}（\mu g/L）=0.4\times LD_{50}$$

$$AMEG_{LH}（\mu g/g）=0.2\times AMEG_{WH}$$

式中

LD_{50}——半数致死量（大鼠经口），苯酚的 LD_{50}=414 mg/kg，二硝基苯胺 LD_{50}=418 mg/kg，二硝基氟苯 LD_{50}=50 mg/kg；

下角字母含义：W——水；L——土；H——健康。

由此计算出苯酚在土壤中对人体健康的影响限值为 33.12 mg/kg，二硝基苯胺为 33.44 mg/kg，二硝基氟苯为 4 mg/kg。另多氯苯查得为 83.4 mg/kg，二硝基苯酚为 0.2 mg/kg。

（二）修复前土壤环境质量监测与评价

2005 年，浙江省环境监测站对“滨海龙湾”房产项目污染地块内土壤环境质量现状进行了监测。

监测点位：根据现场踏勘结果，在该地块内布设 9 个土壤监测点，并在原厂外东北角耕地下布设一个空白对照点，共 10 个土壤监测点，每个断面分别采集表层、1.0 m、2.0 m、3.0 m 各 1 份土壤样品。

其中土壤 l#点取自原厂区内晒盐池下；土壤 2#点取自厂原区内污水池下；土壤 3#点取自原厂区内氯烃车间下；土壤 4#点取自原厂区内 2,4-二氯氟苯车间残渣堆放点下；土壤 5#点取自原厂区内锅炉房残渣堆放场下；土壤 6#点取自原厂区成品仓库下；土壤 7#点取自原三区内 1211 车间下；土壤 8#点取自原厂区内固碱池下；土壤 9#点取自原厂区内氢氧化钾存放池边；土壤 10#点取自原厂外东北角耕地下。

监测项目：腐蚀性、浸出毒性试验（氟化物）、半挥发性有机污染物。

由土壤监测结果可知，各测点的土壤中除氯代苯二胺无检出外，其余指标均有检出。腐蚀性和浸出毒性（氟化物）所有监测点均有检出。特征污染物中土壤 l#、3#、8#以及对照点 10#各层均无检出；土壤 6#、7#除苯酚有检出外，其余无检出；土壤 5#个别监测层中有 5 个指标检出、9#个别监测层中有 3 个指标检出，其余均无检出；土壤 2#有 11 个指标检出、4#有 13 个指标检出，这两点的污染物

种类最多；从检出的指标看，土壤中基本含有所有的污染物，可见周边的污染源头应是土壤的污染。

土壤腐蚀性监测结果

（1）从土壤腐蚀性看，土壤 1#～10#样所有土壤监测点中腐蚀性 9#表层最低为 6.99 m，其余在 7.96～9.13 m 之间，对照点 10#也在 8.2～8.88 m 之间，均大于 6.5 m。对照危险废物腐蚀性鉴别标准，不属于具有腐蚀性的危险废物。

（2）土壤浸出毒性（氟化物）监测结果

土壤浸出毒性（氟化物）最高允许浓度为 50 mg/L，除土壤 2#表层 61.7 mg/L 超过该标准外，其余监测值均小于该标准。

（3）土壤半挥发性有机污染物监测结果

根据 AMEG 计算出苯酚在土壤中对人体健康的影响限值为 33.12 mg/kg，二硝基苯胺为 33.44 mg/kg，二硝基氟苯为 4 mg/kg。多氯苯为 83.4 mg/kg，二硝基苯酚为 0.2 mg/kg。

对照监测数据，苯酚检出最大值为 19.9 mg/kg，未超过最高允许浓度；二硝基苯胺检出值为 0.35 mg/kg，未超过最高允许浓度；二硝基氟苯检出值为 306～33.4 mg/kg，均超过最高允许浓度：多氯苯主要为三氯苯、四氯苯、五氯苯、六氯苯监测值在 0.028～2.49 mg/kg 之间，未超过最高允许浓度：二硝基苯酚为 5303～12.1 mg/kg，超过最高允许浓度。

四、土壤修复工程实施概况

2007 年 1 月，慈溪市庵东镇人民政府对该地块污染区域土壤进行了修复，主要方式是清运回用，本次挖掘深度约 3 m，清运土壤约 18000 m^3。

（1）本次换土方案由庵东镇政府组织实施。

（2）主要换土区块在 2#、3#、4#、5#、6#土壤监测点附近，换土量 18000 m^3，挖土深度约 3 m。由于原编号为 4#的 2426 车间残渣堆放点地块中污染物残留依然较高，庵东镇人民政府扩大该区域的挖掘范围及深度，在原下挖 3 m 深度的基础上再向下挖掘 3 m 左右的土壤，共清运 3000 m^3 左右的污染土壤。

（3）实施时间

该地块污染区域土壤修复工程进行了 2 次（因为第一次清运后监测表明，4#的 2426 车间残渣堆放点地块中污染物残留依然较高），分别为 2007 年 1 月和 2007 年 2 月。主要方式是清运回用。

（4）人员及车辆安排

本次开挖过程委托由专业的相应资质的单位承接该换土工程。拟动用 5 台挖土机、约 50 辆运输车辆进行挖土与运输，在填埋场拟安排 4 辆推土机与 5 辆压土机对土壤进行推平、压实处理。

（5）暂存场施工建设

在环评报告批复后，立即着手进行填埋场的设计和施工建设，施工要求达到《危险废物填埋污染控制标准》GB 18598—2001 及《危险废物贮存污染控制标准》GB 18597—2001 的要求。

（6）运输线路确定

本项目地块至西三垃圾填埋场的距离约 13 km，沿途主要经过公路为七塘公路及垃圾填埋场专用道路。

（7）选址方案的确定：根据与庵东镇政府的技术交流，根据项目性质、运输路线及项目成本等各方面的综合考虑，本项目仅选定西三垃圾填埋场为暂存地，无其他选址方案。

（8）新土来源和平衡

本项目换土量 21 000 m^3，除 4#处挖土深度约 6 m 外，其余挖土深度约 3 m。根据慈溪市中安房地产开发有限公司拟建“深海龙湾”住宅小区的总平面布置，该小区在地块南侧拟建 2 324 m^2 的地下车库，估算其挖土量约 9 296 m^3，小区将建设 17 幢居民住宅，建筑占地面积达到 10 325 m^2，其挖土量也在 10 000 m^3 左右，因此本项目换土方案中的新土可在地块内平衡，基本不需要从其他地块调土。

（9）西三垃圾填埋场概况

1）地理位置

西三海涂垃圾填埋场位于慈溪市最北部、钱塘江南岸的三北浅滩，滩涂宽度达 2～3 km，涂坡和缓，平均坡度 2‰～3‰，地势平坦，涂面高度约 2.30～6.97 m。场区属淤涨型潮滩。

场区具体位置为：北靠杭州湾浅滩，南邻九塘围堤及九塘江，西侧是周巷水库（农灌水库），东侧为杭州湾浅滩；场内滩地标高在 5.10～7.4 m 之间，局部分布有深潭，标高在−6.70～−7.50 m 之间，场内南侧及沿原垃圾填埋场四周有标高为 10.60 m 左右的现状围堤。本项目周边约 1 500 m 内无居民住宅区。

本项目场区位于填埋场东侧预填埋地块，占地约 50 亩，现为空置场地。

2）西三垃圾填埋场主要技术经济指标。

垃圾年平均填埋量	14.6 万 t
填埋库容	149.3 万 m^3
使用年限	8～9 年

总占地面积：45.70×10^4 m^2（包括原垃圾填埋场 12.1×10^4 m^2）

3）西三垃圾填埋场工艺设计

本卫生填埋场为滩涂型填埋场。由于填埋场的天然条件不具备防止对周围环境的污染。为使填埋场在填埋施工作业后不会对场区地下水及场区周围其他环境要素造成污染和破坏，填埋场必须进行相应的环境保护的工程措施。本填埋场主要工艺设计内容为：场地的清整与处理、防渗系统、排渗导气系统、污水处理规模与调蓄池容积的确定、封场覆盖系统、填埋作业及填埋场的环境监测系统等。

4）西三垃圾填埋场（本项目工程区）海塘工程简介

由于新建海塘位于宁波市标准海塘工程建设“九·五”计划和2010年规划的慈溪市与余姚市海塘建设防台御潮大闭合区的外侧，因此台风、海潮侵袭的机会更多。设计考虑一旦海塘出险，垃圾外溢会对环境造成巨大污染的可能及参照毗邻已建成的海塘等级，经与建设单位商议确定，海塘设计标准为II级，设计重现期为20年。

五、换土修复后监测结果与评价

（一）土壤点位设置

根据环境土壤监测技术规范布点原则，同时考虑到2005年监测结果即该地块的污染情况，以及原浙东化工厂的设施布局，本次监测共设置9个土壤采样点，土壤样品采样点位及分析项目见表4-22。

表4-22　土壤样品采样点位及分析项目表

采样编号	采样点位	采样深度	分析项目
S2#-1-表层	原厂区污水池下	0～0.5m	挥发性有机污染物、半挥发性有机污染物、腐蚀性氟化物
S2#-1-1.0m		0.5～1.0m	
S2#-1-2.0m		1.0～2.0m	
S2#-2-表层		0～0.5m	
S2#-2-1.0m		0.5～1.0m	
S2#-2-2.0m		1.0～2.0m	
S2#-3-表层		0～0.5m	
S2#-3-1.0m		0.5～1.0m	
S2#-3-2.0m		1.0～2.0m	
S3#-表层	原厂区内氯烃车间内	0～0.5m	
S3#-1.0m		0.5～1.0m	
S3#-2.0m		1.0～2.0m	

采样编号	采样点位	采样深度	分析项目
S4#-1-表层	原厂区内 2426 车间残渣堆放点	0～0.5m	挥发性有机污染物、半挥发性有机污染物、腐蚀性氟化物
S4#-1-1.0m		0.5～1.0m	
S4#-1-2.0m		1.0～2.0m	
S4#-2-表层		0～0.5m	
S4#-2-1.0m		0.5～1.0m	
S4#-2-2.0m		1.0～2.0m	
S4#-3-表层		0～0.5m	
S4#-3-1.0m		0.5～1.0m	
S4#-3-2.0m		1.0～2.0m	
S5#-表层	原厂区内锅炉房残渣堆放点	0～0.5m	
S5#-1.5m		0.5～1.5m	
S5#-3.0m		1.5～3.0m	
S6#-表层	原厂区交通道下	0～0.5m	
S6#-1.5m		0.5～1.5m	
S6#-3.0m		1.5～3.0m	

（二）土壤第一次监测结果与评价

2007 年 2 月 8 日，浙江省环境监测站对第一次清运处理后的土壤和土壤渗滤水进行监测，结论如下。

1．土壤

（1）庵东镇污染区块土壤中挥发性有机污染物有氯仿、四氯化碳、三氯乙烯、四氯乙烯、1,1,2-三氯乙烷、1,2,3-三氯苯等检出，但均低于 HJ 350—2007《展览会用地土壤环境质量评价标准（暂行）》A 级标准。

（2）污染区块土壤中半挥发性有机物的监测结果如下：S5#-表层和-1.5m，S4#-1-表层和-1.0m，S4#-2-表层和-2.0m，S4#-3-2.0m 有六氯苯检出，S4#-2-表层和-1.0m 和-2.0m，S4#-3-表层和-1.0m 有 1,2,4-三氯苯检出，其中 S4#-3-1.0m 的 1,2,4-三氯苯的浓度为 40.3mg/kg，超过了荷兰标准中氯苯类化合物干涉值 30mg/kg；但低于 HJ 350—2007《展览会用地土壤环境质量评价标准（暂行）》A 级标准 68mg/kg。其余各点的氯苯化合物浓度均未超标。

（3）S4#-1，S4#-2，S4#-3 土壤样品中的特征污染物 2,4-二氯氟苯的浓度都超过了由 AMEG 法推算所得对人体健康的影响限值 16.0mg/kg，其中 S4#-1-表层为 93.4mg/kg（超标约 6 倍），S4#-3-2.0m 为 629mg/kg（超标约 39 倍），其余特征污染物均未超过相应的参照标准。

（4）所有土壤样品的 pH 在 8.70～9.68，氟化物浓度在 0.10～13.8 mg/L，参照 GB 5085—1996《危险废物鉴别标准》，若以腐蚀性和氟化物为判断依据，该地块土壤不属于危险废物。

结论：原浙东化工厂产品 2,4-二氯氟苯和中间体氯苯类化合物的残留时间很长，污染严重。庵东镇人民政府对该污染地块进行清运表层土（约 3 m）后，2#、3#在原地表下 3～5 m 处和 5#、6#在原地表下 0～3 m 处土壤中污染物浓度均未超标，但 4#在原地表下 3～5 m 处土壤中 2,4-二氯氟苯和氯苯类化合物的污染仍然较严重，其中 4#采样点区域土壤中 2,4-二氯氟苯浓度基本都超过荷兰标准中氯苯类化合物干涉值，S4#-3-1.0m 处的 1,2,4 三氯苯浓度也超标，这可能是因为 4#采样点区域原 2426 车间是残渣堆放点。因此，必须对 4#采样点区域土壤进行进一步挖掘清运，处理已被污染的土壤，以符合居住用地的要求。

2. 土壤渗滤水

（1）污染地块土壤渗滤水中挥发性有机物有氯仿、四氯化碳、三氯乙烯、四氯乙烯、1,2,3-三甲苯检出，但其浓度未超过《苏联水体中有害物质的最大允许浓度》（1975 年）中水体中有机物最大允许浓度值。但 W5#水样中四氯化碳（浓度为 56.9 mg/L）超过我国国家标准 GB 3838—2002《地表水环境质量标准》中的《集中式生活饮用水地表水源地特定项目标准值》，超标 27 倍，其余物质均未超标。

（2）依据前苏联国家标准《苏联水体中有害物质的最大允许浓度》（1975 年），土壤渗滤水中半挥发性有机物有 1,2,4-三氯苯、邻苯二甲酸二丁酯、邻苯二甲酸二异辛酯检出，但其浓度均未超过相应的标准值。渗滤水特征污染物的监测结果为 W4#的 2,4-二氯氟苯浓度最高。

（3）土壤渗滤水的 pH 值在 7.96～8.48。氟化物监测结果在 1.44～30.5 mg/L，其中除 W3#点的氟化物未超过《苏联水体中有害物质的最大允许浓度》（1975 年）外，其余均超过其标准值；但所有水样中氟化物和腐蚀性监测结果均未超过 GB 5085—1996《危险废物鉴别标准》的最大允许浓度值。

（三）土壤第二次监测结果与评价

2007 年 2 月，由于原编号为 4#的 2426 车间残渣堆放点地块中污染物残留依然较高，庵东镇人民政府扩大该区域的挖掘范围及深度，在原下挖 3 m 深度的基础上再向下挖掘 3 m 左右的土壤，共清运 3 000 m^3 左右的污染土壤。

为更好地了解该区域的土壤污染情况，复测中在 4#点区域布置了 5 个采样点，分别为 S4#-A，S4#-B，S4#-C，S4#-D，S4#-E。

2007 年 3 月 4 日，浙江省环境监测中心对第二次清运处理后的土壤和土壤渗滤水进行监测。主要参照《荷兰环境质量标准》（1999 年，主要为干涉值）和多介环境目标值（AMEG）法推算所得对人体健康的影响限值对土壤样品的测定结果进行分项评价，结论如下。

A 再次清运后，污染区块 4#点区域土壤中半挥发性有机物有三氯苯（浓度为 2.52 mg/kg）、六氯苯（浓度为 1.36～1.39 mg/kg）、4-硝基苯酚（浓度在 1.94～5.16 mg/kg）检出，其浓度均未超过荷兰标准干涉值或 AMEG 法推算所得对人体健康的影响限值。

B 第二次监测土壤样品中的特征污染物 2,4-二氯氟苯、氟氯硝基苯、氟氯苯胺、2,4-二硝基氯苯浓度在 1.03～6.59 mg/kg，均低于相应的参照标准。

六、小结

通过对慈溪市庵东镇原浙东化工厂区块污染土壤修复后的土壤及土壤渗滤水的监测，可以得到以下结论：

（1）慈溪市庵东镇原浙东化工厂区块两次清运（清运挖掘深度约 3 m，其中 2426 车间残渣堆放点 4#区块清运挖掘深度 6 m 左右）后，土壤中的挥发性有机物、半挥发性有机物及部分特征有机污染物浓度均低于荷兰标准干涉值或由 AMEG 法推算所得对人体健康的影响限值；土壤中的腐蚀性及氟化均低于 GB 5085—1996《危险废物鉴别标准》中腐蚀和氟化物最大允许浓度。

（2）根据前苏联国家标准《苏联水体中有害物质的最大允许浓度》（1975 年），并参照我国国家标准 GB 3838—2002《地表水环境质量标准》和 GB 5085—1996《危险废物鉴别标准》，慈溪市庵东镇原浙东化工厂区块第一次清运（清运挖掘深度约 3 m）后，残存于污染地块表面的土壤渗滤水中挥发性有机物和半挥发性有机物浓度均未超过《苏联水体中有害物质的最大允许浓度》（1975 年）中水体中有机物最大允许浓度值。土壤渗滤水中除 W3#点的氟化物未超过《苏联水体中有害物质的最大允许浓度》（1975 年）外，其余均超过标准值，但所有土壤渗滤水样品的氟化物和腐蚀性监测结果均未超过 GB 5085—1996《危险废物鉴别标准》的最大允许浓度值。

挖掘前雨水坑

挖掘后雨水坑

图 4-32 浙东化工一厂场地挖掘现场

第七节 宁波铜盆浦垃圾填埋场（原位生物自然降解修复）

一、宁波铜盆浦垃圾填埋场概况及修复方法

1. 铜盆浦垃圾填埋场概况

铜盆浦垃圾填埋场于 1985 年开始建设，1987 年 10 月主体工程通过竣工验收，总投资 836 万元。该场位于鄞县石矸镇，距宁波市区约 10 km。铜盆浦垃圾填埋场是将奉化江下游的原铜盆浦湾截湾取直后废弃的航道作为垃圾填埋区。

场区占地约630亩，其中水域面积534亩、设计库容234万m^3，陆地74亩，进场专用道路12亩，其余为江塘。534亩水域被两条隔坝分为3个区域。其中第Ⅰ区使用至1998年6月，垃圾堆体总高度约12m；第Ⅱ区自1998年6月使用至2001年年底，垃圾堆体总高度约10m；第Ⅲ区填埋物为建筑渣土和部分泥浆。铜盆浦垃圾填埋场累计填埋处理垃圾约314万t。场区主要设施有：截湾大坝、导流河道、专用公路、污水处理站及污水收集设施、地下水监测井、地磅计量房、管理和其他附属用房等。1996年，该厂通过了省建设厅鉴定，基本达到无害化处理要求。

因规划调整，日处理规模1000t的枫林垃圾焚烧发电厂建成投用，2001年年底铜盆浦垃圾填埋场停止填埋生活垃圾。目前已有两块面积约100亩的土地，被征用作沿江绿带和建设工业厂房，其他土地用于小规模的仓储。

2．宁波铜盆浦垃圾填埋场的修复方法——原位生物自然降解修复

2001年年底铜盆浦垃圾填埋场封场后，由于生活垃圾中存在着大量的微生物、土壤动物，对垃圾的分解、消化和转化起着重要的作用。加之，垃圾中在富有大量营养物质和植物种子资源，在垃圾场上生长的灌木、小乔木、杂草等植物的根系对垃圾场中的营养物质具有强大的吸收作用，使垃圾中的营养物质含量得到降解。因此，它的修复方法可以理解为原位生物自然降解修复。

现在，宁波市计划将其作为市区8大公园之一，铜盆浦公园（原铜盆浦垃圾填埋场区域）已列入《宁波市城市绿地系统规划》，其中沿奉化江50m段已经实施了三江六岸绿化工程。该场继续做好场区的排水和气体导排工作，加速填埋区域的稳定进程，为公园建设创造条件。

二、宁波铜盆浦垃圾填埋场封场前（2000年）环境质量

（一）大气

1．测点布设

根据铜盆浦垃圾场的地理、气象等情况，布设1#、2#、3#、4#四个监测点位，取北面上风向的5#点（芦头庙）为对照点。6#、7#测点是导气井（排污口）。具体方位如图4-33所示。

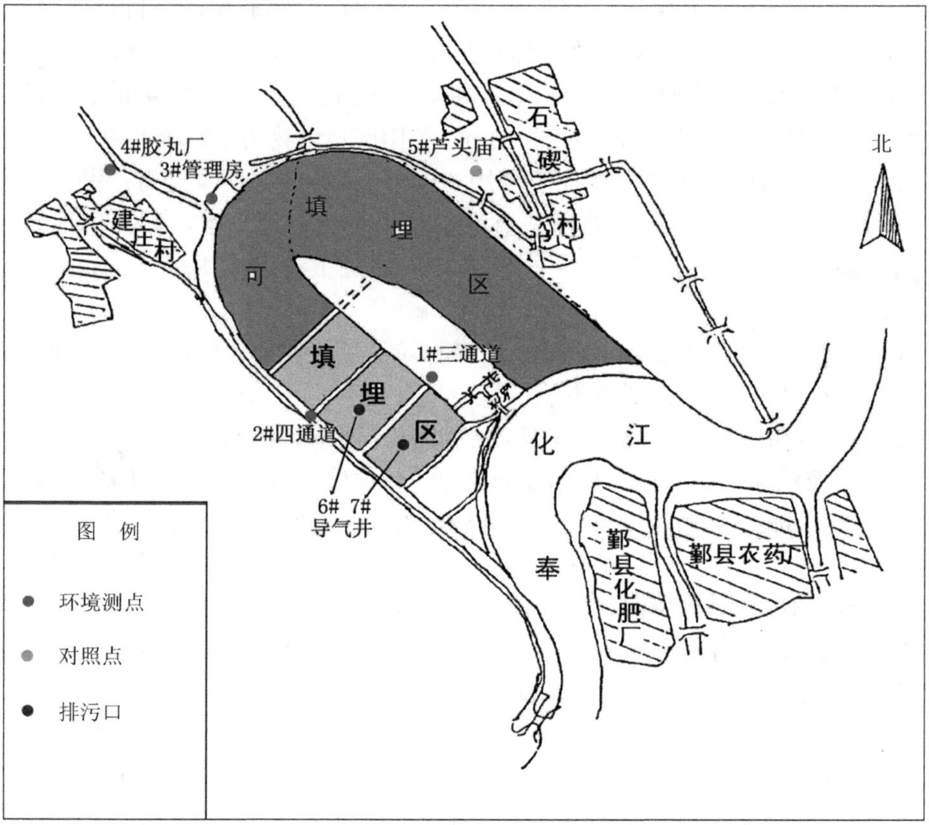

图 4-33 铜盆浦垃圾场大气监测布点图

2. 监测项目和频次

包括总悬浮颗粒物（TSP）、甲烷、硫化氢三个项目。TSP 取五个点，甲烷和硫化氢除上述五个点外，另加两个导气井，共七个点。每季度监测一天，一天内上、下午各测一次。

3. 监测规范及分析方法

监测规范按照国家环保局发布《大气和废气污染监测技术规范》执行。TSP 采用重量法，甲烷采用气相色谱法，硫化氢采用五甲基蓝比色法。

4. 监测结果

评价标准：①总悬浮颗粒物采用 GB 16889—1997《生活垃圾填埋污染控制标准》；②硫化氢采用 GB 14554—1993 恶臭污染物排放标准，执行二级标准。

2000 年垃圾场大气监测结果见表 4-23。

（1）总悬浮颗粒物（图 4-34）

1#、2#、3#、4#四测点 TSP 年平均浓度均符合颗粒物场界排放标准。2#点第一季度浓度超标。2000 年铜盆浦垃圾场环境大气质量（TSP）日平均浓度未超过生活垃圾填埋场颗粒物场界排放标准（四点日平均 0.260 mg/m^3）。

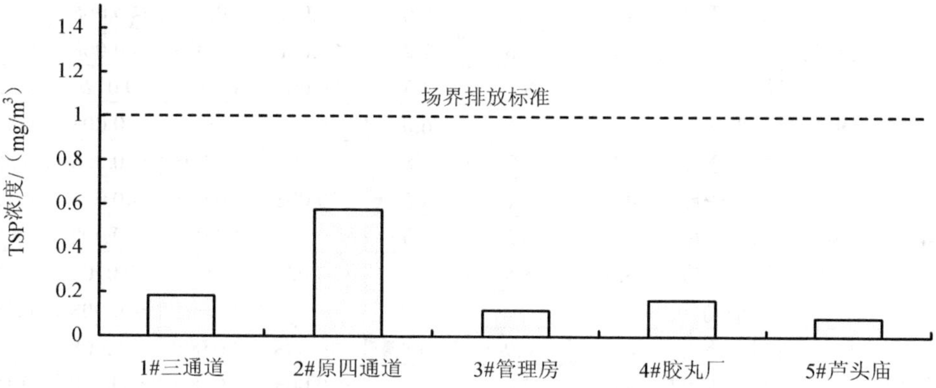

图 4-34 2000 年铜盆浦垃圾场各测点 TSP 年平均浓度分布

（2）硫化氢

第四季度 3#、4#测点检测出硫化氢，但未超过恶臭物厂界二级标准。其余各测次均未检测出硫化氢。

（3）甲烷

6#导气井第二、四季度所测得浓度较高，采样浓度在爆炸极限附近（3.6×10^4 mg/m^3）。7#导气井所测的浓度均远低于爆炸极限。

表 4-23 2000 年宁波市铜盆浦垃圾填埋场区域大气监测结果

测点编号	测点位置	监测季度	甲烷/（mg/m^3）			硫化氢/（mg/m^3）			TSP/（mg/m^3）
			第一次	第二次	平均	第一次	第二次	平均	
1	三通道	第一季度	6.0	9.3	7.6	<0.008	<0.008	<0.008	0.096
		第二季度	7.6	4.0	5.8	<0.008	<0.008	<0.008	0.492
		第三季度	3.6	7.9	5.8	<0.008	<0.008	<0.008	0.058
		第四季度	14.2	18.2	16.2	<0.008	<0.008	<0.008	0.078
		平均	—	—	8.8	—	—	<0.008	0.181
2	原四通道	第一季度	5.4	9.0	7.2	<0.008	<0.008	<0.008	1.558
		第二季度	19.3	4.5	11.9	<0.008	<0.008	<0.008	0.213
		第三季度	8.3	5.7	7.0	<0.008	<0.008	<0.008	0.108

测点编号	测点位置	监测季度	甲烷/（mg/m³）			硫化氢/（mg/m³）			TSP/（mg/m³）
			第一次	第二次	平均	第一次	第二次	平均	
2	原四通道	第四季度	6.9	4.4	5.6	<0.008	<0.008	<0.008	0.420
		平均	—	—	7.9	—	—	<0.008	0.575
3	管理房	第一季度	9.1	6.2	7.6	<0.008	<0.008	<0.008	0.128
		第二季度	4.2	5.8	5.0	<0.008	<0.008	<0.008	0.131
		第三季度	6.8	7.6	7.2	<0.008	<0.008	<0.008	0.084
		第四季度	4.7	3.9	4.3	<0.008	0.019	0.012	0.128
		平均	—	—	6.0	—	—	<0.008	0.118
4	胶丸厂	第一季度	5.9	7.7	6.8	<0.008	<0.008	<0.008	0.353
		第二季度	4.8	4.2	4.5	<0.008	<0.008	<0.008	0.139
		第三季度	8.7	6.2	7.4	<0.008	<0.008	<0.008	0.050
		第四季度	5.0	5.5	5.2	<0.008	0.017	0.010	0.116
		平均	—	—	6.0	—	—	<0.008	0.164
5	芦头庙	第一季度	6.6	6.9	6.8	<0.008	<0.008	<0.008	0.064
		第二季度	4.0	3.6	3.8	<0.008	<0.008	<0.008	0.156
		第三季度	13.9	4.5	9.2	<0.008	<0.008	<0.008	0.050
		第四季度	4.0	8.5	6.2	<0.008	<0.008	<0.008	0.064
		平均	—	—	6.5	—	—	<0.008	0.084
6	导气井	第一季度	32.0	16.2	24.1	<0.008	<0.008	<0.008	—
		第二季度	6.55×10^4	5.68×10^3	3.56×10^4	<0.008	<0.008	<0.008	—
		第三季度	3.52×10^3	1.29×10^3	2.40×10^3	<0.008	<0.008	<0.008	—
		第四季度	2.83×10^4	2.15×10^4	2.49×10^4	<0.008	<0.008	<0.008	—
		平均	—	—	1.57×10^4	—	—	<0.008	—
7	导气井	第一季度	13.2	14.4	13.8	<0.008	<0.008	<0.008	—
		第二季度	12.6	12.8	12.7	<0.008	<0.008	<0.008	—
		第三季度	4.81×10^3	1.33×10^3	3.07×10^3	<0.008	<0.008	<0.008	—
		第四季度	51.6	55.2	53.4	<0.008	<0.008	<0.008	—
		平均	—	—	787.5	—	—	<0.008	—

注：TSP 垃圾填埋场场界排放标准——1.0 mg/m³（GB 16889—1997 生活垃圾填埋污染控制标准）；
硫化氢标准——厂界二级标准 0.10 mg/m³（GB 14554—93 恶臭物排放标准）。

（二）地表水和污水

1．测点布设

根据铜盆浦垃圾场的地理情况，布设 1#、2#、3#、4#、5#、6#六个地面水采样测点，其中 4#、5#、6#监测处理过程中的水质情况。污水采样点设在总排污口。

如图 4-35 所示。

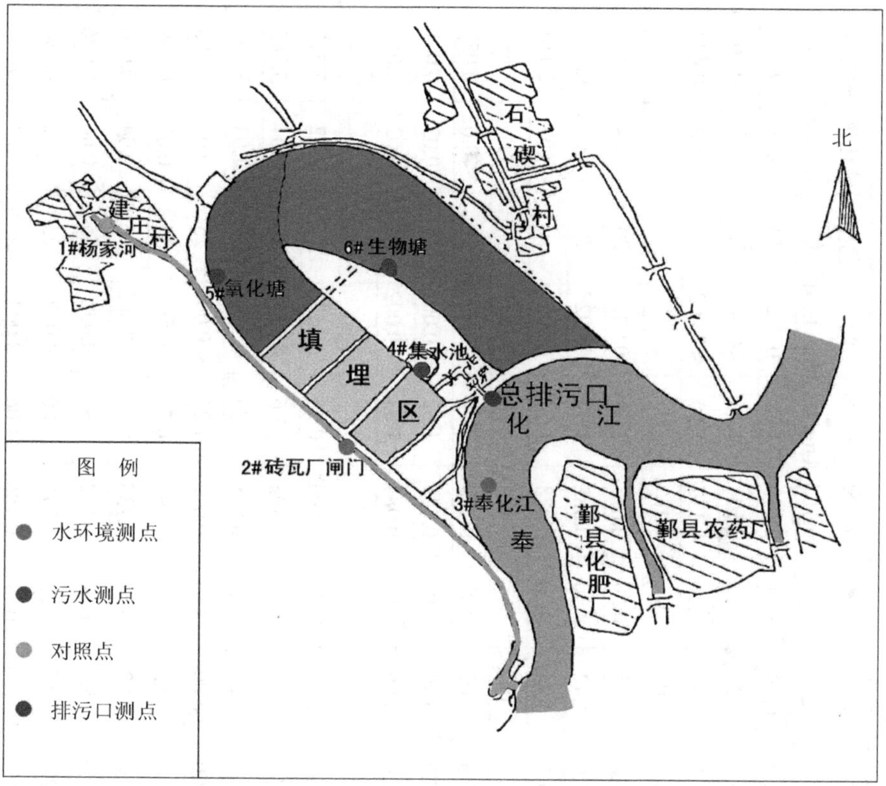

图 4-35　铜盆浦垃圾场地表水、污水监测布点图

2．监测项目和频次

地表水监测 SS、色度、pH、COD_{Cr}、BOD_5、DO、NH_3-N、NO_3-N、NO_2-N、酚、硫化物、磷酸盐 12 个项目，半年采样一次。总排污口监测 SS、COD_{Cr}、pH、色度、NH_3-N、NO_3-N、BOD_5 7 个项目，每月监测一次。

3．监测规范和分析方法

按照国家环保局发布的《水和废水监测分析方法》第三版执行。

4．监测结果

（1）地表水

2000 年地表水监测结果如表 4-24 所示。

（2）污水

2000 年污水监测结果如表 4-25 所示。

表 4-24 2000 年垃圾场地面水监测结果

编号	站位		pH	SS/（mg/L）	DO/（mg/L）	COD_{Cr}/（mg/L）	BOD_5/（mg/L）	氨氮/（mg/L）	NO_2-N/（mg/L）	NO_3-N/（mg/L）	酚/（mg/L）	色度/倍	硫化物/（mg/L）	磷酸盐/（mg/L）	总体水质
1	杨家河	上半年	6.87	15.8	5.84	18.0	6.38	1.21	0.170	1.35	0.002	20	0.03	0.762	Ⅲ
		下半年	6.98	16.5	4.54	15.0	1.21	1.31	0.104	1.66	<0.002	25	0.02	0.207	
		平均	—	16.2	5.19	16.5	3.80	1.26	0.137	1.50	<0.002	—	0.02	0.484	
		水质	Ⅰ	—	Ⅲ	Ⅲ	Ⅲ	Ⅴ	Ⅲ	Ⅰ	Ⅰ	—	Ⅰ	—	
2	砖瓦厂闸门	上半年	7.47	22.8	8.32	37.0	8.51	0.50	0.073	1.14	0.002	20	0.04	0.107	Ⅳ
		下半年	7.27	24.5	3.92	22.0	1.42	1.30	0.082	1.94	0.002	20	0.02	0.121	
		平均	—	23.6	6.12	29.5	4.96	0.90	0.078	1.54	0.002	—	0.03	0.114	
		水质	Ⅰ	—	Ⅱ	Ⅳ	Ⅳ	Ⅳ	Ⅱ	Ⅰ	Ⅰ	—	Ⅰ	—	
3	奉化江	上半年	7.79	30.0	4.52	37.0	9.02	0.92	0.123	2.04	<0.002	25	<0.02	0.053	Ⅴ
		下半年	7.46	34.0	5.79	27.0	0.90	0.90	0.045	1.62	<0.002	25	0.03	0.051	
		平均	—	32.0	5.16	32.0	4.96	0.91	0.084	1.83	<0.002	—	0.02	0.052	
		水质	Ⅰ	—	Ⅲ	Ⅴ	Ⅳ	Ⅳ	Ⅱ	Ⅰ	Ⅰ	—	Ⅰ	—	
4	集水池	上半年	6.07	219.0	0	2230	618	177.3	<0.003	0.08	0.439	200	2.02	3.517	
		下半年	5.17	318.0	0.45	3190	1228	18.7	1.395	13.6	0.236	167	0.04	3.283	
		平均	—	268.5	0.22	2710	923	98.0	0.698	6.84	0.338	—	1.03	3.400	
5	氧化塘	上半年	7.86	21.5	10.21	23.0	6.00	3.06	0.078	1.26	<0.002	25	0.05	0.003	
		下半年	7.83	14.0	4.45	61.0	1.83	14.30	0.197	0.71	0.002	25	0.02	0.129	
		平均	—	17.8	7.33	42.0	3.92	8.68	0.138	0.98	<0.002	—	0.04	0.066	
6	生物塘	上半年	7.34	24.5	3.31	68.0	15.9	6.00	0.102	1.32	0.004	25	0.06	0.006	
		下半年	7.85	18.0	4.45	22.0	7.17	15.00	0.270	0.80	0.002	23	<0.02	0.134	
		平均	—	21.2	3.88	45	11.54	10.50	0.186	1.06	0.003	—	0.04	0.070	

表 4-25　2000 年垃圾场总排污口监测结果

日期	SS/（mg/L）	COD_{Cr}/（mg/L）	pH	色度（倍）	NH_3-N/（mg/L）	NO_3-N/（mg/L）	BOD_5/（mg/L）
1 月	66.0	61.0	7.19	17	3.10	0.42	10.8
2 月	63.3	62.0	7.50	25	3.71	0.47	3.89
3 月	62.7	61.0	8.13	25	0.99	0.51	5.22
4 月	33.3	78.0	7.66	20	6.79	0.07	19.2
5 月	60.5	78.0	7.13	25	1.70	0.40	4.98
6 月	68.0	119.0	7.31	25	1.33	0.60	7.50
7 月	43.3	102.0	7.14	19	0.96	0.25	6.51
8 月	25.5	58.0	7.62	23	2.59	0.32	4.93
9 月	60.7	89.0	7.47	28	5.41	0.35	23.9
10 月	66.0	47.0	7.47	23	2.60	0.35	3.42
11 月	52.5	130.0	7.92	29	12.30	0.97	53.3
12 月	63.3	65.0	7.08	28	4.24	0.43	4.18
平均	55.4	79.2	—	—	3.81	0.43	12.32
排放标准	200	300	6～9	80	25	—	150

5．评价

评价标准：①地表水采用 GHZB 1—1999《地表水环境质量标准》；②污水采用 GB 16889—1997《生活垃圾填埋污染控制标准》，按二级标准评价，未列出项目，按 GB 8978—1996《污水综合排放标准》之中现有二级标准评价。

（1）地表水

2000 年 1#、3#点为Ⅴ类水，2#点为Ⅳ类水。

地面水各指标达标情况见表 4-24。1#测点的定类项目为氨氮，2#测点的定类项目为 COD_{Cr} 和 BOD_5，3#测点的定类项目为 COD_{Cr}，如图 4-35 所示。

（2）污水

本年度垃圾场总排污口污水各项指标每次测值都未超过指定排放标准。详见图 4-35。

（三）小结

1．大气

与去年相比，除 1#点 TSP 浓度略有上升，其他各点 TSP 浓度均有所下降。如图 4-36 所示。

6#、7#点甲烷浓度明显下降，7#点浓度已下降至安全值，6#点浓度仍较高。

今年硫化氢浓度有 2 次检测出，为近年来首次检出。

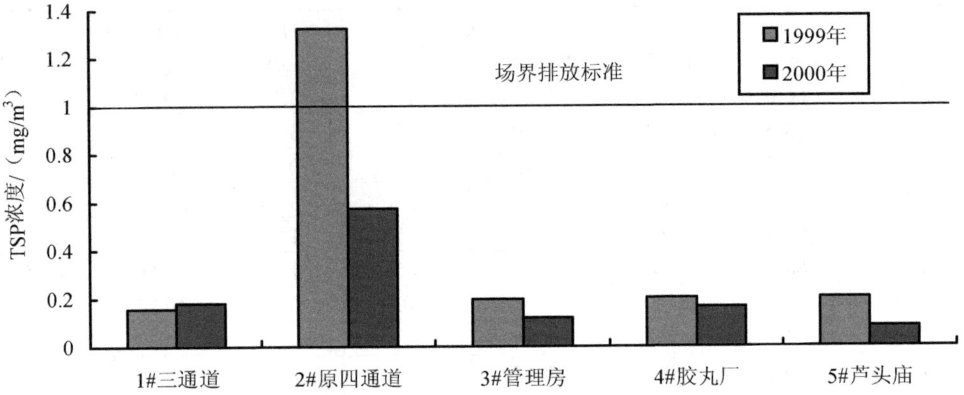

图 4-36 环境各点 TSP 浓度 1999 年、2000 年度对比

2．地表水和污水

按 COD_{Cr} 浓度评价 2#、3#点水质与去年基本持平，1#点水质比去年有所上升。1#、3#测点为Ⅴ类水。2#点为Ⅳ类水。

总排污口污水本年度为达标排放，与去年相同。

三、宁波铜盆浦垃圾填埋场封场一年后（2002 年）的环境质量

（一）大气

测点布设、监测项目和频次、监测规范及分析方法、结果评价标准均与 2000 年相同。2002 年垃圾场大气监测结果见表。

（1）总悬浮颗粒物

2002 年上半年铜盆浦垃圾场各环境空气测点监测浓度均未超过颗粒物场界排放标准。

（2）硫化氢

2002 年上半年铜盆浦垃圾场各测点的硫化氢浓度均在检出限附近，未超过恶臭物厂界二级标准。

（3）甲烷

7#导气井第一季度所测甲烷浓度较高，但未达到爆炸极限。上半年导气井其余测次甲烷浓度均接近环境本地。

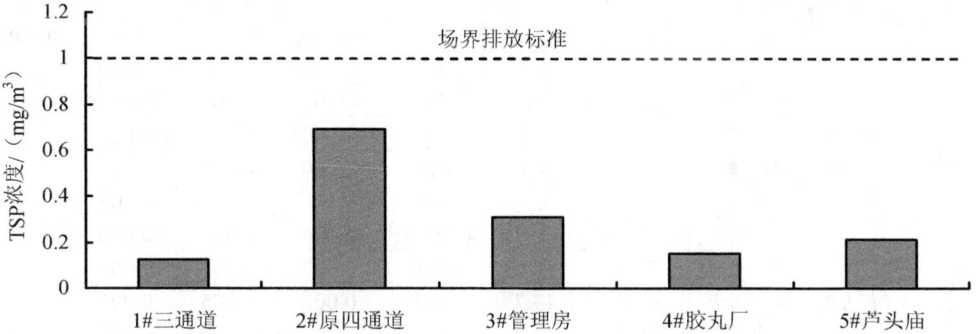

图 4-37　2002 年铜盆浦垃圾场各测点 TSP 年平均浓度分布图

表 4-26　2002 年宁波市铜盆浦垃圾填埋场区域大气监测结果

测点编号	测点位置	监测季度	甲烷/（mg/m³）			硫化氢/（mg/m³）			TSP/（mg/m³）
			第一次	第二次	平均	第一次	第二次	平均	
1	三通道	第一季度	2.0	1.9	2.0	<0.003	0.004	0.003	0.119
		第二季度	2.1	2.5	2.3	<0.003	<0.003	<0.003	0.132
		第三季度	3.0	2.8	2.9	0.004	0.005	0.004	0.848
		第四季度	3.6	2.9	3.2	0.003	0.002	0.002	0.656
		平均	—	—	2.6	—	—	0.003	0.439
2	原四通道	第一季度	6.8	6.0	6.4	0.004	<0.003	0.003	0.690
		第二季度	4.5	2.9	3.7	<0.003	<0.003	<0.003	0.696
		第三季度	7.3	5.3	6.3	0.004	<0.003	0.003	0.446
		第四季度	5.8	4.1	5.0	0.002	0.002	0.002	0.382
		平均	—	—	5.4	—	—	0.002	0.554
3	管理房	第一季度	4.1	2.2	3.2	<0.003	<0.003	<0.003	0.324
		第二季度	5.0	2.4	3.7	0.005	<0.003	0.004	0.298
		第三季度	3.6	4.4	4.0	<0.003	0.004	0.003	0.268
		第四季度	4.0	4.5	4.2	0.003	<0.002	0.002	0.328
		平均	—	—	3.8	—	—	0.003	0.304
4	胶丸厂	第一季度	2.4	2.6	2.5	<0.003	0.004	0.003	0.151
		第二季度	2.8	3.1	3.0	0.006	0.005	0.006	0.155
		第三季度	2.6	3.2	2.9	0.006	0.007	0.006	0.212
		第四季度	3.6	3.0	3.3	0.002	0.003	0.002	0.350
		平均	—	—	2.9	—	—	0.004	0.217
5	芦头庙	第一季度	1.1	2.1	1.6	0.005	<0.003	0.003	0.291
		第二季度	2.2	2.2	2.2	0.004	<0.003	0.003	0.132
		第三季度	2.6	2.4	2.5	0.005	<0.003	0.003	0.770
		第四季度	2.9	3.3	3.1	0.002	<0.002	0.002	0.382
		平均	—	—	2.4	—	—	0.003	0.394

测点编号	测点位置	监测季度	甲烷/（mg/m³）			硫化氢/（mg/m³）			TSP/（mg/m³）
			第一次	第二次	平均	第一次	第二次	平均	
6	导气井	第一季度	6.9	1.5	4.2	＜0.003	＜0.003	＜0.003	—
		第二季度	2.0	2.8	2.4	＜0.003	＜0.003	＜0.003	—
		第三季度	2.9	3.2	3.0	＜0.003	0.004	0.003	—
		第四季度	4.0	4.4	4.2	＜0.002	0.002	0.002	—
		平均	—	—	3.4	—	—	0.002	—
7	导气井	第一季度	4.98×10^3	4.13×10^3	4.56×10^3	0.006	0.007	0.006	—
		第二季度	71.0	12.6	41.8	0.007	0.007	0.007	—
		第三季度	63.4	43.7	53.6	0.006	0.005	0.006	—
		第四季度	36.5	48.2	42.4	0.003	＜0.002	0.002	—
		平均	—	—	1.17×10^3	—	—	0.005	—

注：①TSP 垃圾填埋场场界排放标准——1.0 mg/m³（GB 16889—1997 生活垃圾填埋污染控制标准）;

②硫化氢标准——厂界二级标准 0.10 mg/m³（GB 14554—93 恶臭物排放标准）;

③甲烷的爆炸浓度底线——3.6×10^4 mg/m³。

（二）地表水和污水

测点布设、监测项目和频次、监测规范和分析方法、评价标准均与 2000 年相同。

1．地表水

2002 年 1#、2#、3#点均为劣Ⅴ类水。

地面水各指标达标情况见表。1#、2#、3#测点的定类项目均为氨氮。

2．污水

除 5 月份氨氮浓度超标外，本年度垃圾场总排污口污水其余各项指标每次测值都未超过指定排放标准。各项污染物指标年均值也都符合制定的排放标准。

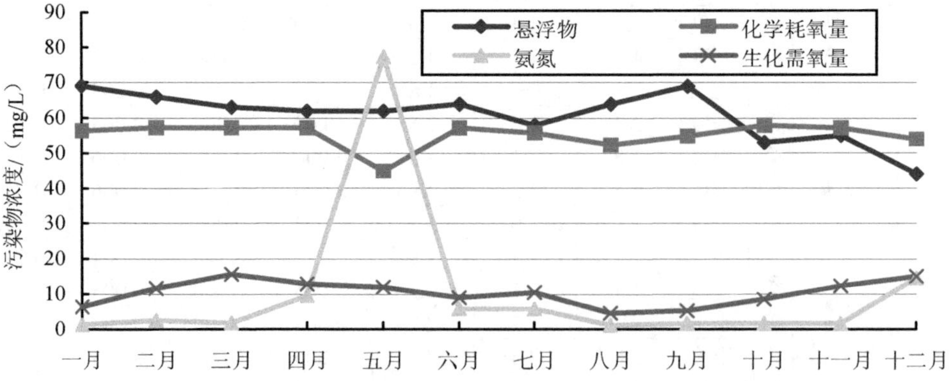

图 4-38　2002 年铜盆浦垃圾场外排污水污染物浓度月度变化表

表 4-27　2002 年垃圾场地面水监测结果

编号	站位		pH	SS/（mg/L）	DO/（mg/L）	COD_{Cr}/（mg/L）	BOD_5/（mg/L）	氨氮/（mg/L）	NO_2-N/（mg/L）	NO_3-N/（mg/L）	酚/（mg/L）	色度（倍）	硫化物/（mg/L）	磷酸盐/（mg/L）	总体水质
1	杨家河**	上半年	6.99	10	4.50	18.1	13.3	6.72	0.387	1.68	0.034	48	0.011	0.424	劣Ⅴ
		下半年	7.13	12	6.48	11.0	5.62	2.43	0.086	2.14	0.003	24	<0.005	0.217	
		平均	—	11	5.49	14.55	9.46	4.58	0.236	1.91	0.018	—	0.007	0.320	
		水质	Ⅰ	—	Ⅲ	Ⅰ	Ⅴ	Ⅴ	—	—	Ⅴ	—	Ⅰ	Ⅴ	
2	砖瓦厂闸门	上半年	6.86	22	4.75	22.4	12.7	2.97	0.265	0.57	0.003	47	0.016	0.341	劣Ⅴ
		下半年	7.04	14	5.20	18.0	4.49	3.04	0.203	4.65	0.004	23	0.007	0.218	
		平均	—	18	4.98	20.2	8.60	3.00	0.234	2.61	0.004	—	0.012	0.280	
		水质	Ⅰ	—	Ⅳ	Ⅳ	Ⅴ	Ⅴ	—	—	Ⅲ	—	Ⅰ	Ⅳ	
3	奉化江	上半年	7.77	28	3.71	17.8	3.32	1.31	0.126	2.70	<0.002	50	0.006	0.139	劣Ⅴ
		下半年	6.98	18	3.75	15.9	8.58	14.2	0.130	5.42	<0.002	25	<0.005	0.319	
		平均	—	23	3.73	16.8	5.95	7.76	0.128	4.06	<0.002	—	0.004	0.229	
		水质	Ⅰ	—	Ⅳ	Ⅲ	Ⅳ	Ⅴ	—	—	Ⅰ	—	Ⅰ	Ⅳ	
4	集水池*	上半年	6.00	200	0.58	730	104	307	0.992	0.96	0.041	104	0.006	2.43	—
		下半年	7.03	303	1.38	121	71.3	15.1	0.379	2.04	0.005	45	0.022	0.805	
		平均	—	252	0.98	426	87.6	161	0.686	1.50	0.023	—	0.014	1.618	
5	氧化塘*	上半年	7.72	13	4.12	29.0	6.90	26.7	0.500	0.79	0.003	45	<0.005	0.161	
		下半年	6.91	20	3.83	22.0	15.6	14.4	0.054	2.04	<0.002	36	0.014	0.285	
		平均	—	16	3.98	25.5	11.2	20.6	0.277	1.42	0.002	—	0.008	0.223	
6	生物塘*	上半年	7.52	11	4.86	36.0	6.08	26.9	0.502	0.76	0.005	51	<0.005	0.066	
		下半年	6.91	22	3.20	46.0	9.64	14.7	0.072	1.99	<0.002	38	0.011	0.282	
		平均	—	16	4.03	41.0	7.86	20.8	0.287	1.38	0.003	—	0.007	0.174	

注：带*为污水处理过程采样点，**为对照点。

表 4-28 2002 年垃圾场总排污口监测结果

日期	SS/（mg/L）	COD_{Cr}/（mg/L）	pH	色度（倍）	NH_3-N/（mg/L）	NO_3-N/（mg/L）	BOD_5/（mg/L）
1 月	69	56.4	7.29	33	1.27	0.69	6.26
2 月	66	57.2	7.66	25	2.50	0.36	11.6
3 月	63	57.2	7.38	33	1.89	0.82	15.5
4 月	62	57.2	7.13	43	9.54	2.26	12.8
5 月	62	45.0	7.80	62	77.4	1.05	11.9
6 月	64	57.2	7.72	22	5.84	0.58	9.14
7 月	58	55.7	7.71	56	5.88	0.46	10.5
8 月	64	52.3	7.79	38	1.16	0.82	4.60
9 月	69	54.9	6.32	40	1.70	0.85	5.34
10 月	53	58.0	7.24	23	1.55	0.87	8.46
11 月	55	57.2	7.34	24	1.67	1.22	12.4
12 月	44	53.9	6.70	31	14.4	2.18	15.0
平均	60.8	55.2	—	—	10.4	1.01	10.3
排放标准	200	300	6～9	80	25	—	150

（三）小结

1. 大气

与去年相比，垃圾场环境空气总悬浮颗粒物浓度各测点均有显著下降。

7#导气井甲烷浓度较高，但远离危险范围，6#点浓度已接近环境本地。

今年硫化氢浓度均在检出限附近，与去年相同。

2. 地表水和污水

2002 年垃圾场地表水包括对照点均为劣Ⅴ类水，各测点水质与去年相同。氨氮已成为全部测点的定类项目。

总排污口污水 5 月份氨氮超标，其余测次均达标，与去年相同。

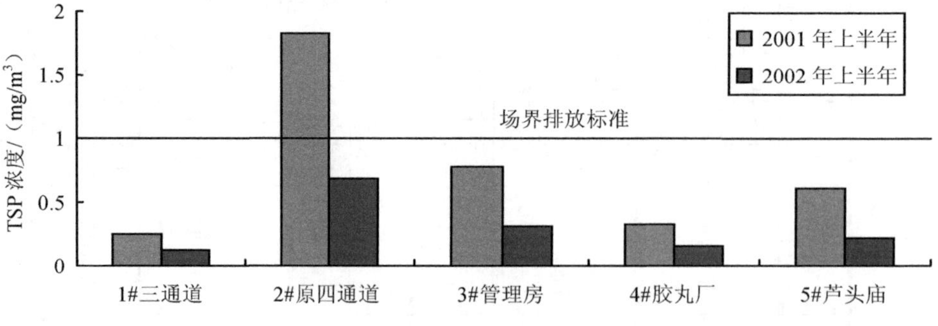

图 4-39 环境各点总悬浮颗粒物浓度 2001 年、2002 年上半年度对比

四、宁波铜盆浦垃圾填埋场环境质量追踪

（一）2004 年全面监测

1. 无组织废气监测

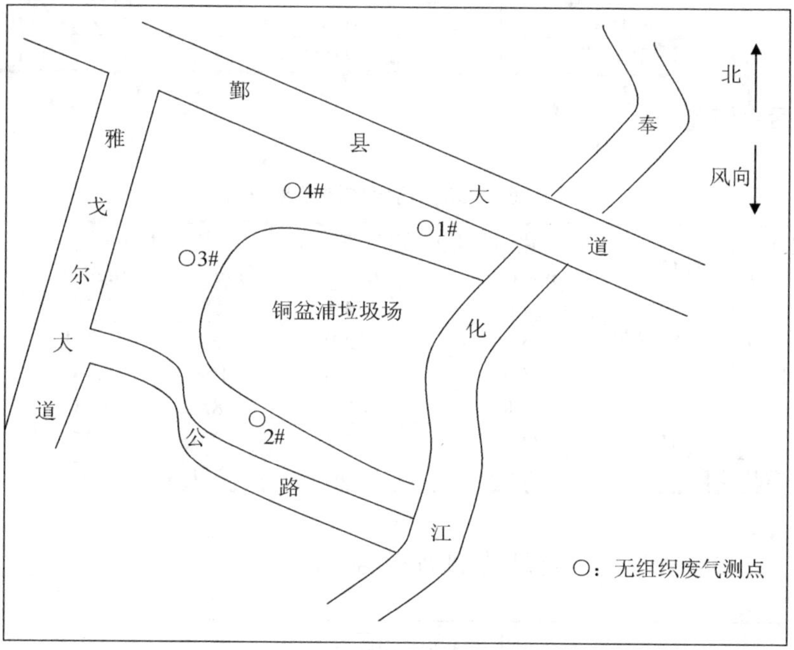

图 4-40　无组织废气监测点位示意图

表 4-29　无组织废气监测结果　　单位：mg/m³

点位	项目	上午	下午
1#	颗粒物	0.274	0.241
	氨	0.019	0.014
	硫化氢	0.006	＜0.005
	甲硫醇	＜0.002	＜0.002
2#	颗粒物	0.339	0.358
	氨	0.081	0.171
	硫化氢	＜0.005	＜0.005
	甲硫醇	＜0.002	＜0.002

点位	项目	上午	下午
3#	颗粒物	0.393	0.387
	氨	0.144	0.074
	硫化氢	<0.005	0.006
	甲硫醇	<0.002	<0.002
4#	颗粒物	0.417	0.398
	氨	0.087	0.016
	硫化氢	<0.005	<0.005
	甲硫醇	<0.002	<0.002

2．污水监测

表 4-30　污水监测结果

采样地点（或样品编号）	采样次数	五日生化需氧量/（mg/L）	化学需氧量/（mg/L）	悬浮物/（mg/L）	氨氮/（mg/L）	粪大肠菌群/（个/L）
总排口	1	24.6	74.4	88	7.55	6.3×10^2
	2	25.0	72.0	92	7.31	4.3×10^2
	3	25.3	73.6	108	7.39	4.6×10^2
	4	24.8	68.8	85	7.63	4.9×10^2
	均值	24.9	72.2	93	7.47	5.0×10^2
污水综合排放标准		60	150	200	25	1000

（二）2008 年开发环境适宜性评价监测

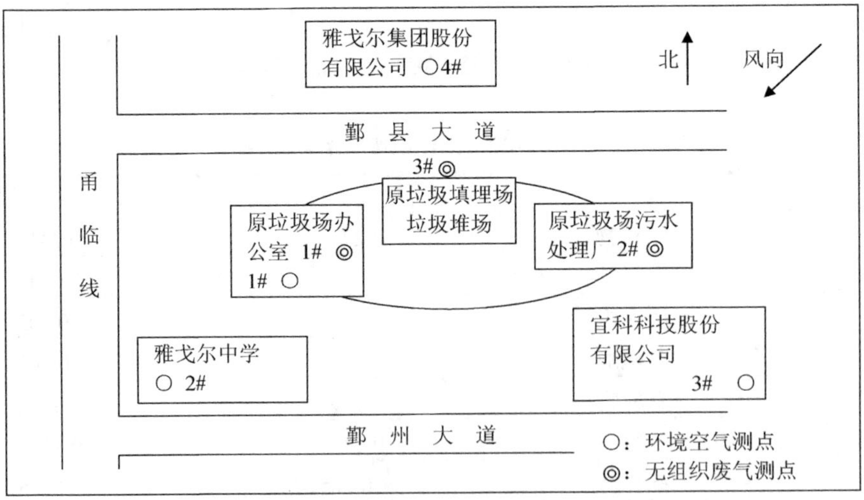

图 4-41　开发环境适宜性评价监测测点示意图

表 4-31 环境空气监测结果表（日均值） 单位：mg/m^3

点位\日期	监测项目	10月21日	10月22日	10月23日	10月24日	10月25日	Ⅰ级标准	Ⅱ级标准
1#	二氧化硫	0.032	0.041	0.038	0.025	0.032	0.05	0.15
	二氧化氮	0.074	0.065	0.062	0.043	0.064	0.08	0.12
	可吸入颗粒物	0.049	0.052	0.054	0.054	0.061	0.05	0.15
	总悬浮颗粒物	0.068	0.075	0.076	0.079	0.088	0.12	0.30
2#	二氧化硫	0.041	0.049	0.044	0.044	0.049	0.05	0.15
	二氧化氮	0.091	0.073	0.090	0.094	0.072	0.08	0.12
	可吸入颗粒物	0.064	0.066	0.063	0.065	0.070	0.05	0.15
	总悬浮颗粒物	0.098	0.102	0.093	0.098	0.106	0.12	0.30
3#	二氧化硫	0.034	0.038	0.038	0.035	0.039	0.05	0.15
	二氧化氮	0.075	0.031	0.074	0.071	0.052	0.08	0.12
	可吸入颗粒物	0.054	0.053	0.051	0.052	0.054	0.05	0.15
	总悬浮颗粒物	0.081	0.078	0.073	0.075	0.083	0.12	0.30
4#	二氧化硫	0.027	0.028	0.022	0.019	0.033	0.05	0.15
	二氧化氮	0.073	0.068	0.060	0.058	0.056	0.08	0.12
	可吸入颗粒物	0.039	0.043	0.034	0.037	0.042	0.05	0.15
	总悬浮颗粒物	0.056	0.057	0.048	0.052	0.055	0.12	0.30

注：GB3095—1996。

表 4-32 无组织废气监测结果表 单位：mg/m^3

点位\日期		10月21日		10月22日	
		9：30	13：30	9：30	13：30
1#	氨	0.140	0.144	0.113	0.111
	硫化氢	＜0.002	＜0.002	＜0.002	＜0.002
2#	氨	0.098	0.125	0.094	0.127
	硫化氢	＜0.002	＜0.002	＜0.002	＜0.002

表 4-33 3#无组织废气中的挥发性有机物监测结果表 单位：$\mu g/m^3$

监测项目	浓度	监测项目	浓度
氯甲烷	＜4.5	1,1-二氯乙烯	＜8.7
氯乙烯	＜5.6	1,1-二氯乙烷	＜8.8
溴甲烷	＜8.5	1,2-二氯乙烷	＜8.8
氯乙烷	＜5.8	1,2-二溴乙烷	＜16.8

监测项目	浓度	监测项目	浓度
二氯甲烷	<7.6	1,3-二氯苯	<13.1
三氯甲烷	<10.7	1,4-二氯苯	<13.1
四氯化碳	<14.6	1,2-二氯苯	<13.1
三氯乙烯	<11.7	六氯丁二烯	<23.3
甲苯	<4.1	反 1,3-二氯丙烯	<9.9
四氯乙烯	<14.8	顺 1,3-二氯丙烯	<9.9
氯苯	<10.1	1,1,2-三氯乙烷	<11.9
乙苯	<4.7	1,1,1-三氯乙烷	<11.9
苯乙烯	<9.3	顺 1,2-二氯乙烯	<8.7
邻二甲苯	<4.7	1,3,5-三甲苯	<10.7
苯	<3.5	1,2,4-三甲苯	<10.7
间（对）二甲苯	<4.7	1,1,2,2-四氯乙烷	<15

从表中可以看出，二氧化硫、二氧化氮、可吸入颗粒物符合Ⅱ级标准，总悬浮颗粒物符合Ⅰ标准。氨、硫化氢符合 GB 14554—1993 恶臭污染物排放标准的Ⅰ标准。3#无组织废气中的挥发性有机物监测结果均小于未检出。

（三）2011 年垃圾渗漏液监测

由于 2008 年大气监测结果已符合有关标准，本次监测只对垃圾渗漏液的排放污水进行了监测。从监测结果可知，已符合相应的排放标准。

从现有的监测结果表明，经过 10 年的生物自然降解修复，铜盆浦垃圾场的大气和污水排放已分别达到相应的排放标准，说明该铜盆浦垃圾场的修复基本成功。

表 4-34 2011 年垃圾渗漏液监测

序号	采样地点（或样品编号）	项目名称 / 性状描述	五日生化需氧量/（mg/L）	化学需氧量/（mg/L）	悬浮物/（mg/L）	氨氮/（mg/L）	粪大肠菌群/（个/L）
1	总排口	无色透明液体	25.9	76.8	9	24.3	9.4×10^2
污水综合排放标准			60	150	200	25	1000

图 4-42～图 4-45 为部分场地经修复后开发的小区外景略图。

图 4-42　原宁波化工研究院场地（异位修复）开发建设的小区

图 4-43　原宁波四明化工有限公司场地（异位修复）开发建设的小区

图 4-44　东方威尼斯二期场地（异位修复）开发建设的小区

图 4-45　原宁波制药厂场地（异位修复）开发建设的小区

五、小结

迄今为止，我市已经对宁波化肥厂、东方威尼斯二期、宁波化工研究院、宁波制药厂、宁波某化工厂丙烯腈泄漏场地、浙东化工一厂的污染土壤进行了修复治理，总面积近 57 万 m^2（其中铜盆浦垃圾场采用生物自然降解修复法 42 万 m^2）。除宁波某化工厂丙烯腈泄漏外，其他 6 个场地都已经全部或部分开发利用，收到了良好的经济和社会效益。我们分析一下这些场地的修复技术，可以得出，宁波化肥厂、东方威尼斯二期采用的是异位固化方法，前者是将挖出的污泥用于制砖，后者是用水泥固化封存。宁波化工研究院、宁波制药厂采用的是异位焚烧和热脱附方法，浙东化工一厂采用的是异位填埋法，宁波某化工厂丙烯腈泄漏采用的是原位抽提法。铜盆浦垃圾场采用的是生物自然降解修复法。

对我市已经实施的修复技术的经济分析发现，在我市现有的技术水平和区位条件下，经济成本从低到高依次是异位制砖、原位抽提、异位填埋、异位固化、异位焚烧和热脱附。估算成本分别是，异位制砖 300 元/吨，原位抽提 600 元/m^2，异位填埋 1 000 元/t，异位固化 2 200 元/t，异位焚烧和热脱附 3 500 元/t。铜盆浦垃圾场采用生物自然降解修复法，其主要成本是几位管理职工的工资费用。

通过修复实践后发现，修复技术选择应该因地制宜地遵循如下准则：首先，科学性与先进性是我们选择修复技术的基本前提。不同的污染物质应该采用不同的修复技术，特别是对污染物质的处置上要遵守能量守恒定律，形态的变化、地理分布变化不能代表污染物质的消亡，而是要重视污染物质的最终出路，防止出现次生性污染。第二，制定修复标准时，既要遵守国家和地方的政策法规，又要根据当地的经济发展水平，两者求得合理的平衡点，这样的修复标准才有可行性和现实的先进性。第三，要根据当地的区位条件和社会建设实际情况，如浙东化工一厂采用异位填埋是根据慈溪当地丰富的滩涂资源而选择的技术。第四，要根据当地的环境保护水平和污染物处置条件，如宁波化工研究院、宁波制药厂采用的是异位焚烧和热脱附方法，是由于宁波大地公司具备了焚烧和热脱附处置能力。第五，要根据污染场地的具体情况，如宁波某化工厂丙烯腈泄漏采用的是原位抽提法，由于该事故发生地正是该企业公用设施密布地区，包括各种管线、排水排污系统的密集区域，如果采用大开挖等异地修复方法，不仅会破坏企业的公用设施，而且会干扰正常的生产秩序。

第五章　污染场地管理政策与技术体系介绍

第一节　污染场地管理政策介绍

一、国家层面的污染场地管理办法

(一)《关于切实做好企业搬迁过程中环境污染防治工作的通知》

2004 年 6 月 1 日，国家环保总局发出了《关于切实做好企业搬迁过程中环境污染防治工作的通知》(环办[2004]47 号)，《通知》的主要精神是：

“一、所有产生危险废物的工业企业、实验室和生产经营危险废物的单位，在结束原有生产经营活动，改变原土地使用性质时，必须经具有省级以上质量认证资格的环境监测部门对原址土地进行监测分析，报送省级以上环境保护部门审查，并依据监测评价报告确定土壤功能修复实施方案。当地政府环境保护部门负责土壤功能修复工作的监督管理。

监测评价报告要对原址土壤进行环境影响分析，分析内容包括遗留在原址和地下的污染物种类、范围和土壤污染程度；原厂区地下管线、储罐埋藏情况和土壤、地下水污染现状等评价情况。

二、对于已经开发和正在开发的外迁工业区域，要尽快制定土壤环境状况调查、勘探、监测方案，对施工范围内的污染源进行调查，确定清理工作计划和土壤功能恢复实施方案，尽快消除土壤环境污染。

三、对遗留污染物造成的环境污染问题，由原生产经营单位负责治理并恢复土壤使用功能。”

《通知》明确了污染场地管理调查评估的主要内容和主要责任主体，标志着此项工作正式纳入各级环境管理部门的工作范畴。

（二）《关于加强土壤污染防治工作的意见》

2008 年 6 月 6 日，环境保护部出台了《关于加强土壤污染防治工作的意见》（环发[2008]48 号），《意见》包括“充分认识加强土壤污染防治的重要性和紧迫性、明确土壤污染防治的指导思想、基本原则和主要目标、突出土壤污染防治的重点领域、强化土壤污染防治工作措施”等四个方面 15 条意见，为今后我国土壤污染防治工作指明了方向和目标。《意见》出台后，全国土壤污染状况调查、土壤污染防治法律法规和标准体系、污染土壤修复与综合治理试点示范等工作相继开展。

（三）《土壤环境监管试点工作方案》

2009 年 9 月 27 日，环境保护部下发了《土壤环境监管试点工作方案》（环办函[2009]1019），在北京、重庆、山西、浙江、江苏、山东、湖南、湖北、海南、四川、沈阳、宁波等省市开展土壤环境监管试点工作。

（四）《污染场地土壤环境管理暂行办法》

经过起草单位几年努力，2008 年年初，环境保护部组织有关专家研讨了《污染场地土壤环境管理暂行办法》，我中心派员参加了这次讨论会，会上介绍了宁波的工作经验，并提出了修改意见和建议。

2009 年 12 月 15 日，环境保护部制定的《污染场地土壤环境管理暂行办法》公开征求意见，标志着污染场地土壤环境管理开始步入法制化管理轨道。

《办法》共 5 章 29 条，主要规定了以下基本制度和措施：

一是污染场地土壤环境调查与风险评估制度。主要规定了何时启动调查与评估、调查什么内容、按照什么程序进行调查等。《办法》规定，调查与评估分 3 个阶段进行：场地土壤环境初步调查、场地土壤环境详细调查、场地土壤污染风险评估。

二是污染场地土壤治理与修复制度。主要规定了何时启动治理与修复、对方案和工程实施以及工程建立有什么要求、治理与修复结果如何处理以及对相关机构资质要求等。制度设计总的考虑是注重实际效果，尽量减少行政审批和许可。

三是污染场地档案管理制度。《办法》规定，县级环境保护行政主管部门负责建立本行政区域内的污染场地档案，并在省级环境保护行政主管部门备案。见附录。

二、浙江省的污染场地管理办法

（一）《关于严格执行房地产项目环境影响评价制度的通知》

2007年9月14日，浙江省环境保护总局发布了《关于严格执行房地产项目环境影响评价制度的通知》（浙环发[2007]74号），《通知》的主要精神是：

“一、所有房地产项目都必须严格执行环境影响评价制度，未经环保部门审批的房地产项目，一律不得开工建设。

二、工业用地通过转让或‘招标、拍卖、挂牌’的方式用于房地产开发的，有关单位应在转让或‘招拍挂’前委托具有编制环境影响评价文件资质的单位对该地块进行环境影响专题评价。

三、拟开发房地产项目的地块，经环境影响专题评价确认土壤已受污染的，有关单位必须按照已经备案的环境影响专题评价要求安全处置各类污染源，并开展相应的土壤修复工作。

四、近期，各级环保部门应集中力量开展一次房地产项目环保专项执法检查，对不符合环保要求的房地产项目，已经投入使用的，应抓紧督促房产开发单位限期整改到位；尚未投入使用的，须立即责令停止建设，限期整改到位后方可重新建设。对不执行环境影响评价，造成矛盾纠纷和污染事故的，要责令其停建或者停产，限期补办环评手续，并依法进行处罚，严格追究有关人员的责任。”

（二）《关于开展建设项目土壤环境监测工作的通知》

2008年3月4日，浙江省环境保护局发布了《关于开展建设项目土壤环境监测工作的通知》（浙环发[2008]8号），《通知》的主要精神是：

“一、建设项目土壤环境监测工作包括两类：一是项目开工前土壤和地下水环境背景监测，二是项目土地使用到期或作其他用途前的回顾性监测。

二、建设项目土壤环境监测工作实施重点行业为：化学原料及化学制品制造业、化学纤维制造业、医药制造业、废弃资源和废旧材料回收加工业、石油加工及炼焦业、金属制品业、金属冶炼及压延加工业、水泥制造业、火力发电业、垃圾填埋及焚烧、危险废物填埋及焚烧、工业污水集中处理厂以及其他可能对土壤造成严重污染威胁的建设项目等。

三、建设项目土壤环境监测工作按照《建设项目土壤及地下水环境监测工作技术要求》实施。各地可结合实际，适当扩大监测实施范围，增加监测项目和内容。对土壤环境遭受污染的，须按有关规定由造成污染的单位和个人按照有关标准负责清理和处置。

四、根据项目审批权限，监测工作由项目建设单位委托相应的环境监测机构实施并出具独立的监测报告，同时负责土壤样品的长期保存，监测报告随环境影响报告书报负责审批的环境保护行政主管部门。”

该《通知》的附件：“1. 建设项目土壤及地下水环境监测工作技术要求、2. 地下水监测井的建设要求及规范”是在我中心提供的素材的基础上加工而成的。

三、宁波市的污染场地管理办法

宁波市是在全国较早开展污染场地管理的城市之一。2005 年 4 月 4 日，宁波市环境保护总局发布了“《关于加快做好市区化工企业搬迁过程中环境污染防治工作的通知》（甬环发[2005]29 号）”，《通知》的主要精神是：

“一、各单位在结束原址生产经营活动，改变原土地使用性质前，必须经具有省级以上质量认证资格的环境监测部门对原址土地进行监测分析，编制监测评价报告，并报送市环保部门审查。

监测评价报告要对原址土壤进行环境影响分析，分析内容包括遗留在原址和地下的污染物种类、范围和土壤污染程度；原厂区地下管线、储罐埋藏情况和土壤、地下水污染现状等评价情况。

二、各单位要依据监测评价报告确定污染清理工作计划和土壤环境功能修复实施方案。对遗留污染物造成的环境污染问题，由原生产经营单位负责治理并恢复土壤使用功能。监测报告和土壤修复方案必须在 5 月 15 日前报市环保局污控处。

三、搬迁企业原址土壤环境监测评估和环境功能修复工作是新址建设环保“三同时”措施的组成部分，要与搬迁项目环保设施同步验收。对不执行以上土壤环境监测评价和修复措施的，要对原生产经营单位依法处理，造成后果的，要追究企业负责人和有关直接人员的法律责任。”

通知发出后，我中心先后承担了原宁波四明化工地块、东方威尼斯二期、宁波江东化工区地块、宁波制药厂、宁波某化工厂丙烯腈泄漏等项目近 60 万 m^2 的污染场地调查评估任务。在宁波化工研究院、宁波制药厂、宁波某化工厂丙烯腈泄漏等污染场地的修复时，参与了方案的制订，承担了修复前后的监测任务。宁波在污染场地的管理、调查、监测、评估与修复方面的工作积累为环保部制订出台相关管理制度和技术体系提供了有力的技术支撑。

第二节　污染场地管理技术体系的框架

由于污染场地土壤环境管理工作的专业性、技术性非常强，只有建立完备的污染场地管理技术体系，才能真正实现对污染场地的有效管理。技术体系包括土壤环境质量标准及支撑质量标准的各种技术规范。

一、土壤环境质量标准

（一）土壤环境质量标准（GB 15618—1995　1996-03-01 实施）（Environmental quality standard for soils）

1. 适用范围

本标准适用于农田、蔬菜地、茶园、果园、牧场、林地、自然保护区等地的土壤。

2. 标准值

本标准规定的三级标准值，见表 5-1。

表 5-1　土壤环境质量标准值　　单位：mg/kg

级别	一级	二级			三级
土壤 pH 值	自然背景	＜6.5	6.5～7.5	＞7.5	＞6.5
项目					
镉≤	0.20	0.30	0.30	0.60	1.0
汞≤	0.15	0.30	0.50	1.0	1.5
砷水田≤	15	30	25	20	30
旱地≤	15	40	30	25	40
铜农田等≤	35	50	100	100	400
果园≤	—	150	200	200	400
铅≤	35	250	300	350	500
铬水田≤	90	250	300	350	400
旱地≤	90	150	200	250	300
锌≤	100	200	250	300	500
镍≤	40	40	50	60	200
六六六≤	0.05	0.50			1.0
滴滴涕≤	0.05	0.50			1.0

注：①重金属（铬主要是三价）和砷均按元素量计，适用于阳离子交换量＞5 cmol（+）/kg 的土壤，若≤5 cmol（+）/kg，其标准值为表内数值的半数。②六六六为四种异构体总量，滴滴涕为四种衍生物总量。③水旱轮作地的土壤环境质量标准，砷采用水田值，铬采用旱地值。

3. 分析方法

分析方法按表 5-2 执行。

表 5-2 土壤环境质量标准选配分析方法

序号	项目	测定方法	检测范围/（mg/kg）	注释	分析方法来源
1	镉	土样经盐酸-硝酸-高氯酸（或盐酸-硝酸-氢氟酸-高氯酸）消解后 （1）萃取-火焰原子吸收法测定 （2）石墨炉原子吸收分光光度法测定	0.025 以上 0.005 以上	土壤总镉	①、②
2	汞	土样经硝酸-硫酸-五氧化二钒或硫、硝酸高锰酸钾消解后，冷原子吸收法测定	0.004 以上	土壤总汞	①、②
3	砷	（1）土样经硫酸-硝酸-高氯酸消解后，二乙基二硫代氨基甲酸银分光光度法测定 （2）土样经硝酸-盐酸-高氯酸消解后，硼氢化钾-硝酸银分光光度法测定	0.5 以上 0.1 以上	土壤总砷	①、② ②
4	铜	土样经盐酸-硝酸-高氯酸（或盐酸-硝酸-氢氟酸-高氯酸）消解后，火焰原子吸收分光光度法测定	1.0 以上	土壤总铜	①、②
5	铅	土样经盐酸-硝酸-氢氟酸-高氯酸消解后（1）萃取-火焰原子吸收法测定 （2）石墨炉原子吸收分光光度法测定	0.4 以上 0.06 以上	土壤总铅	②
6	铬	土样经硫酸-硝酸-氢氟酸消解后， （1）高锰酸钾氧，二苯碳酰二肼光度法测定 （2）加氯化铵液，火焰原子吸收分光光度法测定	1.0 以上 2.5 以上	土壤总铬	①
7	锌	土样经盐酸-硝酸-高氯酸（或盐酸-硝酸-氢氟酸-高氯酸），消解后，火焰原子吸收分光光度法测定	0.5 以上	土壤总锌	①、②
8	镍	土样经盐酸-硝酸-高氯酸（或盐酸-硝酸-氢氟酸-高氯酸）消解后，火焰原子吸收分光光度法测定	2.5 以上	土壤总镍	②
9	六六六和滴滴涕	丙酮-石油醚提取，浓硫酸净化，用带电子捕获检测器的气相色谱仪测定	0.005 以上		GB/T 14550—93
10	pH	玻璃电极法（土：水=1.0：2.5）	—		②
11	阳离子交换量	乙酸铵法等	—		③

注：分析方法除土壤六六六和滴滴涕有国标外，其他项目待国家方法标准发布后执行，现暂采用下列方法：①《环境监测分析方法》，1983，城乡建设环境保护部环境保护局；②《土壤元素的近代分析方法》，1992，中国环境监测总站编，中国环境科学出版社；③《土壤理化分析》，1978，中国科学院南京土壤研究所编，上海科技出版社。

由于该标准适用于农田、蔬菜地、茶园、果园、牧场、林地、自然保护区等地的土壤，不适用于居住功能的土壤；仅规定了8个重金属指标和DDT、六六六2个有机物指标，涵盖不了目前场地环境管理的监测指标需求。为了适应新形势下对土壤环境管理的需要，必须加快修订《土壤环境质量标准》。这个标准既要保留原有土壤功能，又要适用污染场地等各种用途功能的土壤；既要体现先进性和科学性，又要符合我国经济发展的现实水平和未来发展需要。

（二）地下水质量标准（GB/T 14848—1993）

1. 适用范围

本标准适用于一般地下水，不适用于地下热水、矿水、盐卤水。

2. 地下水质量分类

依据我国地下水水质现状、人体健康基准值及地下水质量保护目标，并参照了生活饮用水、工业、农业用水水质最高要求，将地下水质量划分为五类。

Ⅰ类 主要反映地下水化学组分的天然低背景含量。适用于各种用途。

Ⅱ类 主要反映地下水化学组分的天然背景含量。适用于各种用途。

Ⅲ类 以人体健康基准值为依据。主要适用于集中式生活饮用水水源及工、农业水。

Ⅳ类以农业和工业用水要求为依据。除适用于农业和部分工业用水外，适当处理后可作为生活饮用水。

Ⅴ类 不宜饮用，其他用水可根据使用目的选用。

3. 地下水质量分类指标（见表5-3）

表5-3 地下水质量分类指标

项目序号	项目 \ 标准值 \ 类别	Ⅰ类	Ⅱ类	Ⅲ类	Ⅳ类	Ⅴ类
1	色（度）	≤5	≤5	≤15	≤25	>25
2	嗅和味	无	无	无	无	有
3	浑浊度（度）	≤3	≤3	≤3	≤10	>10
4	肉眼可见物	无	无	无	无	有
5	pH	6.5～8.5			5.5～6.5，8.5～9	<5.5，>9
6	总硬度（以 $CaCO_3$，计）/（mg/L）	≤150	≤300	≤450	≤550	>550
7	溶解性总固体/（mg/L）	≤300	≤500	≤1 000	≤2 000	>2 000

项目序号	项目 \ 标准值 \ 类别	Ⅰ类	Ⅱ类	Ⅲ类	Ⅳ类	Ⅴ类
8	硫酸盐/（mg/L）	≤50	≤150	≤250	≤350	>350
9	氯化物/（mg/L）	≤50	≤150	≤250	≤350	>350
10	铁（Fe）/（mg/L）	≤0.1	≤0.2	≤0.3	≤1.5	>1.5
11	锰（Mn）/（mg/L）	≤0.05	≤0.05	≤0.1	≤1.0	>1.0
12	铜（Cu）/（mg/L）	≤0.01	≤0.05	≤1.0	≤1.5	>1.5
13	锌（Zn）/（mg/L）	≤0.05	≤0.5	≤1.0	≤5.0	>5.0
14	钼（Mo）/（mg/L）	≤0.001	≤0.01	≤0.1	≤0.5	>0.5
15	钴（Co）/（mg/L）	≤0.005	≤0.05	≤0.05	≤1.0	>1.0
16	挥发性酚类（以苯酚计）/（mg/L）	≤0.001	≤0.001	≤0.002	≤0.01	>0.01
17	阴离子合成洗涤剂/（mg/L）	不得检出	≤0.1	≤0.3	≤0.3	>0.3
18	高锰酸盐指数/（mg/L）	≤1.0	≤2.0	≤3.0	≤10	>10
19	硝酸盐（以N计）/（mg/L）	≤2.0	≤5.0	≤20	≤30	>30
20	亚硝酸盐（以N计）/（mg/L）	≤0.001	≤0.01	≤0.02	≤0.1	>0.1
21	氨氮（NH_4）/（mg/L）	≤0.02	≤0.02	≤0.2	≤0.5	>0.5
22	氟化物/（mg/L）	≤1.0	≤1.0	≤1.0	≤2.0	>2.0
23	碘化物/（mg/L）	≤0.1	≤0.1	≤0.2	≤1.0	>1.0
24	氰化物/（mg/L）	≤0.001	≤0.01	≤0.05	≤0.1	>0.1
25	汞（Hg）/（mg/L）	≤0.00005	≤0.0005	≤0.001	≤0.001	>0.001
26	砷（As）/（mg/L）	≤0.005	≤0.01	≤0.05	≤0.05	>0.05
27	硒（Se）/（mg/L）	≤0.01	≤0.01	≤0.01	≤0.1	>0.1
28	镉（Cd）/（mg/L）	≤0.0001	≤0.001	≤0.01	≤0.01	>0.01
29	铬（六价）（Cr^{6+}）/（mg/L）	≤0.005	≤0.01	≤0.05	≤0.1	>0.1
30	铅（Pb）/（mg/L）	≤0.005	≤0.01	≤0.05	≤0.1	>0.1
31	铍（Be）/（mg/L）	≤0.00002	≤0.0001	≤0.0002	≤0.001	>0.001
32	钡（Ba）/（mg/L）	≤0.01	≤0.1	≤1.0	≤4.0	>4.0
33	镍（Ni）/（mg/L）	≤0.005	≤0.05	≤0.05	≤0.1	>0.1
34	滴滴涕/（μg/L）	不得检出	≤0.005	≤1.0	≤1.0	>1.0
35	六六六/（μg/L）	≤0.005	≤0.05	≤5.0	≤5.0	>5.0
36	总大肠菌群/（个/L）	≤3.0	≤3.0	≤3.0	≤100	>100
37	细菌总数/（个/L）	≤100	≤100	≤100	≤1000	>1000
38	总α放射性/（Bq/L）	≤0.1	≤0.1	≤0.1	>0.1	>0.1
39	总β放射性/（Bq/L）	≤0.1	≤1.0	≤1.0	>1.0	>1.0

（三）展览会用地土壤环境质量评价标准（暂行）Standard of Soil Quality Assessment for Exhibition Sites（HJ 350—2007　2007-08-01 实施）

该标准按照不同的土地利用类型，规定了展览会用地土壤环境质量评价的项目、限值、监测方法和实施监督。标准选择的污染物共 92 项，其中无机污染物 14 项，挥发性有机物 24 项，半挥发性有机物 47 项，其他污染物 7 项。本标准适用于展览会用地土壤环境质量评价。由于标准为暂行标准，待国家有关土壤环境保护标准实施后，按有关标准的规定执行。

（四）工业企业土壤环境质量风险评价基准（HJ/T 25—1999）

该基准为保护在工业企业中工作或在工业企业附近生活的人群以及工业企业界区内的土壤和地下水，对工业企业生产活动造成的土壤污染危害进行风险评价而制定的。基准用风险评价的方法确定基准值。该基准制定了两套基准数据：土壤基准直接接触和土壤基准迁移至地下水。土壤基准直接接触是用于保护在工业企业生产活动中因不当摄入或皮肤接触土壤的工作人员。土壤基准迁移至地下水是用于保证化学物质不因土壤的沥滤导致工业企业界区内土壤下方（简称工业企业下方）饮用水源造成危害。如果工业企业下方的地下水现在或将来作为饮用水源，应执行土壤基准迁移至地下水。如果工业企业下方的地下水现在或将来均不用作饮用水源，应执行土壤基准直接接触。该基准自 1999 年 8 月 1 日起实施。

由于该基准是针对工业企业生产活动造成的土壤污染危害进行风险评价而制定的，对生活居住和商贸活动用途功能的土壤来说，显然是太宽了，不足以防范各种土壤污染对人类的健康风险。因此，它的适用范围是有限的。

此外，《食用农产品产地环境质量评价标准》、《温室蔬菜产地环境质量评价标准》、《拟开放场址土壤中剩余放射性可接受水平规定（暂行）》等标准中虽然也都涉及土壤环境质量内容，但由于它的适用范围有严格的限定，不能被广泛的使用。

二、技术体系框架

当前我国场地环境调查处于起步阶段，严重缺乏规范场地环境调查的相关标准。虽然现有相关标准涉及了土壤和地下水的监测技术要求，但远不能完全满足场地环境调查工作的需要。

例如，《土壤环境监测技术规范》（HJ/T 166—2004）规定了区域土壤背景、农田土壤环境、建设项目土壤环境质量评价和事故的土壤环境质量监测的布点采样、样品保存、分析方法和实验室质量控制技术等要求。该标准适用性广，但对场地环境调查的土壤采样分析的针对性较差，无法满足场地环境调查土壤采样分析的实际需要。再如，《地下水环境监测技术规范》（HJ/T 164—2004）多适用于国控、省控、市控和县控等区域地下水背景值监测和污染控制监测，但对场地环境调查小尺度地下水采样分析针对性不强。

我们需要建立的技术体系框架是以土壤环境质量标准基石，在这个基础上制定出台一系列污染场地技术管理标准和规范，形成一个比较完备的技术体系，包括《土壤环境质量评价技术规范》、《场地环境调查技术规范》、《污染场地环境监测技术导则》、《污染场地风险评估技术导则》、《污染场地土壤修复技术导则》等，见图 5-1。

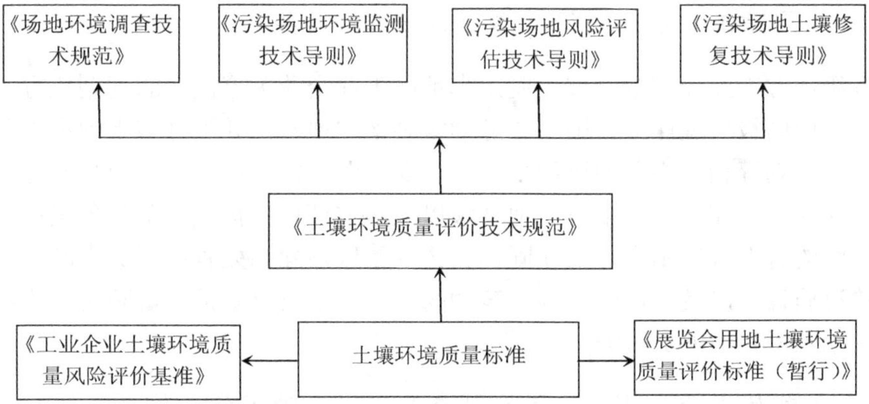

图 5-1　污染场地管理技术体系框架

第三节　加强污染场地环境安全监管的对策思考

加强污染场地环境安全监管是各级政府和环保行政主管部门的一项新任务，要认真履行好监管职能，建议重点要抓好以下几方面工作。

一、明确工业企业场地污染防治的责任主体

造成工业企业场地污染的单位和个人应当承担场地污染调查、环境风险评估和治理修复责任。造成工业企业场地污染的单位因改制或合并、分立而发生变更的，由变更后继承其债权、债务的单位承担；变更前当事人另有约定的，从其约定，但是，当污染场地责任继承者不能履行消除污染风险责任时，不得

免除污染当事人的责任。造成工业企业场地污染的单位已经终止，或者由于历史等原因确实不能确定造成污染的单位的，其场地由所在地县级以上地方人民政府依法负责场地污染调查、环境风险评估和治理修复；该单位享有的土地使用权依法转让的，由土地使用权受让人负责场地污染调查、环境风险评估和治理修复；有关当事人另有约定的，从其约定，但是不得免除场地污染当事人对污染场地修复治理的责任。根据工业企业场地污染防治的责任主体，场地污染调查、环境风险评估和治理修复费用相应列入企业搬迁成本、企业改制成本或土地整治成本。

二、抓好几个重要管理环节

（一）严防工业企业关停、搬迁过程二次污染

各级地方工业经济主管部门制定本地区工业企业关停搬迁的规划或方案的，应当及时向同级环境保护、国土资源和规划部门通报，并做好与土地利用总体规划、城乡规划等相关规划的协调衔接。工业企业关停或搬迁的，应当制定关停、搬迁环境保护工作计划，报所在地县级以上地方环境保护主管部门备案；对原有场地遗留的有毒有害物质、工业固体废物等予以消除和处置；拆除生产经营和污染防治设施设备以及其他建（构）筑物的，应当采取有效措施，防止污染物泄漏造成场地土壤和地下水污染。

（二）开展工业企业场地污染调查和环境风险评估工作

各级地方环境保护部门要会同同级工业、经济主管部门，以关停、搬迁或拟搬迁工业企业为重点，组织开展污染调查，评估环境风险，建立污染场地及潜在污染场地数据库和信息管理系统，并与国土、建设、规划等部门建立信息共享机制。关停、搬迁工业企业原场地采取出让方式重新供地的，应当在土地出让前完成场地污染调查和环境风险评估工作；对经评估存在环境风险的，应当编制污染场地治理修复方案，明确治理修复责任主体。关停、搬迁工业企业原有场地被收回用地后，采取划拨方式重新供地的；应当在规划选址前完成场地污染调查和环境风险评估工作；对经评估存在环境风险的，应当编制污染场地治理修复方案，明确治理修复责任主体。各级国土资源、规划、建设等部门编制土地利用总体规划、城乡规划等相关规划时，对关停、搬迁工业企业场地，应当充分考虑其环境风险，合理规划土地用途。

（三）强化对工业企业场地治理修复的监管

各级地方环境保护主管部门要强化对工业企业污染场地治理修复的过程监管，确保治理修复工作落到实处，防止二次污染；要引入第三方专业机构实施监管，提高监管的科学水平。对存在环境风险的工业企业场地上的新、改、扩建项目，必须完成治理修复并经所在地设区的市级环境保护主管部门验收合格后，方可开工建设。

（四）加强对污染调查、环境风险评估和治理修复的管理

要加强市场准入管理，严格设定从事场地污染调查、环境风险评估、治理修复单位的资金、技术、人员、业绩等准入条件，具体办法由环境保护部会同有关部门制定。建立健全专家论证评审机制和档案管理制度，工业企业场地污染调查、分析评估、治理修复、验收等各环节的文件资料及论证评审资料，应当报所在地设区的市级以上环境保护主管部门备案并永久保存。有关执业人员应当在文件资料上签字，并对文件资料负责。公众可以依法向所在地设区的市级以上地方环境保护主管部门申请公开有关信息。

（五）因地制宜开展其他污染场地的排查和管理工作

化工、有色金属冶炼、农药、电镀等行业生产企业的场地，危险化学品的生产、存储、使用场地、堆放和填埋生活垃圾、危险废物等固体废物的场地等受污染风险较大。各地区对上述正在产生使用或已停止生产使用但尚未开发利用的场地，要因地制宜开展污染调查、环境风险评估工作，划分风险等级，建立优先管理名录，明确责任，制订计划，逐步开展治理修复。

三、落实各项保障措施

（一）加强组织领导

各地区特别是各城市要建立关停、搬迁工业企业场地再开发利用环境管理工作市（县）长负责制，加强统一领导和任务分工，及时研究、协调解决工作中遇到的问题和难题；要根据本通知的精神，结合当地实际，对本通知下发前，已开发利用或正在开发利用的关停、搬迁工业企业场地，制定具体办法和措施，加强环境管理，防止危害人体健康。各省（区、市）人民政府要加强对本地区关停、搬迁工业企业场地再开发利用环境管理工作的监督指导。对管理工作不利，影响

社会发展和稳定的，要依法追究责任。

（二）落实部门监管责任

各级环境保护、工业和信息化、国土资源、建设、规划等部门要建立健全联合监管机制，及时相互通报情况，各司其职、各负其责，通力协作，密切配合，形成合力，切实加强工业企业场地再开发利用的环境管理。

（三）完善政策制度

法制办要会同有关部门抓紧起草污染场地环境管理的法规，建立污染场地调查、风险评估、治理修复制度，建设项目场地本底值环境监测和日常环境监测制度以及污染责任追究制度，完善污染场地用地审批制度，为工业企业场地再开发利用环境管理提供法律保障。环境保护部要会同相关部门抓紧制定和完善基于环境风险控制的污染场地相关标准及规范体系；要完善环境影响评价制度，新建、改建、扩建的建设项目的环境影响评价，应当包括对建设用地的土壤和地下水本底值的监测，并评估建设项目对场地土壤和地下水的污染等环境风险；建设项目竣工环境保护验收时，应对场地土壤和地下水的污染防治措施等进行验收，鼓励地方因地制宜，制定地方性法规和标准规范。财政、税务等部门要探索建立污染者付费、土地开发受益者出资的资金投入机制，加大工业企业场地污染治理修复资金投入。

（四）抓好宣传引导

开展多种形式的宣传教育活动，引导公众认识工业企业场地环境风险及其防治措施，树立风险管理的理念；积极稳妥开展信息公开工作，支持和鼓励公众参与，为关停、搬迁工业企业场地再开发利用营造良好的社会氛围。

附录　污染场地土壤环境管理暂行办法（征求意见稿）

第一章　总　则

第一条（目的和依据）为加强污染场地土壤环境监督管理，有效控制污染场地土壤对人体健康和生态环境的风险，根据《中华人民共和国环境保护法》等相关法律法规，制定本办法。

第二条（适用范围）本办法适用于中华人民共和国境内，污染场地土地利用方式或土地使用权人变更时，场地土壤环境调查评估和治理修复等活动的监督管理。

放射性污染场地土壤环境保护监督管理办法另行制定。

第三条（污染场地术语）本办法所称污染场地是指因从事生产、经营、使用、贮存有毒有害物质，堆放或处理处置有害废弃物，以及从事矿山开采等活动，使土壤受到污染的土地。

第四条（土地利用方式变更术语）本办法所称土地利用方式变更是指污染场地开发利用为住宅、商业、学校、公园、绿地、游乐场以及农业用地等敏感性用地。

第五条（管理职责）环境保护部对污染场地土壤环境保护工作实施统一监督管理。县级以上地方环境保护行政主管部门对本行政区域内污染场地土壤环境保护工作实施监督管理。

第六条（技术文件）环境保护部负责制定污染场地土壤环境调查、评估、治理修复等土壤环境保护标准和技术文件。

第七条（污染场地责任人术语）污染场地责任人是指造成场地土壤污染的责任人或污染场地土地使用权人。

第八条（污染场地责任人义务）污染场地责任人应当承担污染场地调查评估和治理修复的义务，并负担有关费用。

因改制或者合并、分立而发生变更的，污染场地责任人所承担的调查评估和治理修复责任，依法由变更后承继其债权、债务的单位承担。变更前有关当事人另有约定的，从其约定；但是不得免除当事人的调查评估和治理修复责任。

土地使用权依法转让的，由土地使用权受让人负责调查评估和治理修复，并负担有关费用。有关当事人另有约定的，从其约定；但是不得免除当事人的调查评估和治理修复责任。

由于历史原因不能确定污染场地责任人的，污染场地由有关地方人民政府依法负责调查评估和治理修复，并负担有关费用。

第九条（监督检查与保密义务）环境保护行政主管部门依法对本行政区域内的污染场地进行监督检查。被检查的单位应当如实反映情况，提供必要的资料。环境保护行政主管部门及其工作人员应当为被检查的单位保守技术秘密和业务秘密。

第十条（举报）任何单位或个人有权向环境保护行政主管部门举报未经土壤环境调查评估或治理修复开发利用污染场地的行为。

第二章　调查与评估

第十一条（调查评估启动）污染场地责任人应当在向有关部门提交土地利用方式变更申请材料前，按照本办法的有关规定，委托具有相应资质的机构开展污染场地土壤环境调查与评估。

第十二条（场地土壤环境调查的内容）污染场地土壤环境调查应包括下列内容：

（一）场地基本情况；

（二）场地土地利用方式及使用权人变更情况；

（三）场地内主要生产活动及污染源情况；

（四）场地内建筑物和设备设施情况；

（五）场地及周边地下水等环境状况和敏感目标；

（六）场地及周边土壤污染程度和范围。

第十三条（调查评估程序）接受委托进行污染场地土壤环境调查与评估的机构，应当按照环境保护部发布的有关标准和技术文件，依照下列程序分阶段开展污染场地土壤环境调查与评估：

（一）场地土壤环境初步调查。通过信息资料收集和现场调研，初步判断场地土壤是否受到污染，编写《场地土壤环境初步调查报告》，并报所在地县级环境保护行政主管部门备案。场地土壤未受到污染的，县级环境保护行政主管部门应当及时书面通知污染场地责任人终止场地土壤环境调查与评估。

（二）场地土壤环境详细调查。场地土壤可能受到污染的，应根据场地情况，通过现场采样和分析测试，确认场地土壤是否存在污染，编写《场地土壤环境详细调查报告》，并报所在地县级环境保护行政主管部门备案。

调查结果表明场地土壤未受到污染的，县级环境保护行政主管部门应当及时书面通知污染场地责任人终止场地土壤环境调查与评估。

（三）场地土壤污染风险评估。场地土壤确认受到污染的，应当根据土地利用方式变更情况和用地规划，按照有关规定开展场地土壤污染风险评估，编写《场地土壤污染风险评估报告》，并报所在地县级环境保护行政主管部门备案。

土壤污染物浓度均低于修复限值的，县级环境保护行政主管部门应当及时书面通知污染场地责任人不需要对场地进行治理与修复。

土壤污染物浓度高于修复限值的，县级环境保护行政主管部门应当及时书面通知污染场地责任人启动污染场地土壤治理与修复工作，并在省级环境保护行政主管部门备案。

第十四条（调查评估机构的义务）从事污染场地土壤环境调查评估的机构，应当按照国家有关规定开展工作，并对调查评估报告的真实性负责。

第三章　治理与修复

第十五条（治理与修复启动）根据污染场地土壤污染风险评估结论需要进行治理修复的，污染场地土地使用权人应当自接到环境保护行政主管部门有关通知的 3 个月内，委托具有相应资质的机构，启动污染场地土壤治理与修复工作。

第十六条（治理与修复机构基本要求）从事污染场地土壤治理与修复的机构应当配备足够的管理、技术和操作人员，建立完善的管理制度和操作规程，保证治理与修复设施的正常运行。

第十七条（治理与修复方案要求）接受委托从事污染场地治理与修复的机构，应当依据场地土壤污染风险评估报告、用地规划和土地利用方式变更情况，编制污染场地土壤治理与修复方案，报省级环境保护行政主管部门备案，同时抄送所在地县级环境保护行政主管部门。

污染场地土壤治理与修复方案应当包括下列内容：

（一）治理与修复工程的范围及预期目标；

（二）治理与修复工程技术路线与工艺流程；

（三）治理与修复工程实施中的环境保护措施；

（四）治理与修复工程实施进度计划；

（五）治理与修复工程监理计划。

第十八条（治理与修复工程一般要求）污染场地土壤治理与修复过程中，需要建设修复设施的，应当综合考虑当地的建设规划、修复后土地的利用方式、周边公共建筑和相关人群的敏感度等因素。建设治理与修复设施不得对场地周边环境造成新的破坏。

治理与修复设施应当严格按照工艺流程、设备运行操作规程和安全操作规程运行。治理与修复过程中产生的废水、废气和废渣等污染物应当进行处理，并达到国家或地方规定的标准。

第十九条（治理与修复工程监理）污染场地土地使用权人应当在治理与修复工程开工前，按照法定程序委托具有相应资质的监理机构对工程实施情况进行监理。接受委托的监理机构应当对工程实施过程中的各项环境保护技术要求的落实情况严格进行监理。

接受委托进行工程监理的机构，应当在治理与修复工程完工后，向土地使用权人和县级环境保护行政主管部门提交工程监理报告。治理与修复工程需要分项实施的，工程监理机构应当在每个分项工程完工后，提交分项工程监理报告。工程全部完工后提交总体工程监理报告。

第二十条（治理与修复工程实施的防护要求）污染场地土壤治理与修复工程实施前，其土地使用权人应当设置限制进入标识，避免污染场地原有状态遭到破坏，防止因污染物扩散、迁移而危害人群健康或污染其他环境介质。

污染场地土壤治理与修复工程实施过程中，施工单位应做好施工人员的安全防护工作。

第二十一条（离场污染土壤的处理处置）污染场地土壤采用客土、挖掘、填埋等技术进行治理与修复，且离场污染土壤被认定为危险废弃物的，应当严格按照国家有关法律法规进行后续处理处置。

第二十二条（治理与修复工程验收）污染场地土壤治理与修复工程结束后，污染场地土地使用权人应当委托具有相应资质的第三方机构，对治理与修复工程进行验收，将附有专家签字的验收报告报省级环境保护行政主管部门备案，并抄送所在地县级环境保护行政主管部门。

第二十三条（治理与修复工程完工公告）污染场地土壤治理与修复工程结束后，污染场地土地使用权人应当及时发布污染场地治理与修复工程完工公告。

未达到治理与修复方案预期目标，或者相关利益方仍有异议的，污染场地土地使用权人应当继续对污染场地土壤进行治理与修复，直至达到治理与修复方案预期目标。

第四章 监督管理

第二十四条（污染场地档案制度）县级环境保护行政主管部门负责对污染场地责任人报送的土壤调查评估和治理修复等相关技术文件进行备案，建立本行政区域内污染场地档案，并在省级环境保护行政主管部门备案。

第二十五条（污染场地安全防范）经调查评估被确认为污染场地的，其土地使用权人应当在污染场地边界设立明显标识，标明污染物类型、存在的风险以及安全注意事项。

第二十六条（日常监督管理）县级以上地方环境保护行政主管部门应当采取有效措施，加强对污染场地及其治理与修复情况的监督检查，及时将污染场地相关信息通报同级国土资源、规划等行政主管部门。

对污染场地土壤治理与修复工程实施过程中发生的违法、违规行为，由所在地省级环境保护行政主管部门责令其限期整改，并依法进行处罚。

第二十七条（与环评制度的衔接）有下列情形之一的，环境保护行政主管部门不得批准涉及该污染场地的新建、扩建、改建项目的环境影响评价文件：

（一）未将污染场地土壤环境调查报告报所在地环境保护行政主管部门备案的；

（二）未将污染场地土壤风险评估技术文件报所在地环境保护行政主管部门备案的；

（三）未将污染场地土壤治理修复技术文件或治理与修复后的土壤环境监测报告报县级以上地方环境保护行政主管部门备案的；

（四）未实施污染场地土壤治理与修复方案，或实施治理与修复方案后未达到预期目标，以及治理与修复过程中违法环境保护有关规定。

第二十八条　环境保护行政主管部门违反本办法规定，在污染场地土壤环境保护监督管理过程中弄虚作假或有失职行为的，任免机关或纪检监察机关依法给予行政处分。

污染场地责任人、从事污染场地调查评估或治理与修复的单位或个人，在场地调查评估、治理修复过程中存在弄虚作假行为的，应当承担法律责任。

第五章 附　则

第二十九条　本办法自　　年　月　日起施行。

参考文献

1．法律法规、文件

[1] 《中华人民共和国环境保护法》(1989 年 12 月 26 日)。

[2] 《中华人民共和国大气污染防治法》(2000 年 4 月 29 日)。

[3] 《中华人民共和国水污染防治法》(1996 年 5 月 15 日)。

[4] 《中华人民共和国固体废物环境污染防治法》(2005 年 4 月 1 日)。

[5] 《中华人民共和国环境噪声污染防治法》(1997 年 3 月 1 日)。

[6] 《中华人民共和国环境影响评价法》(2003 年 9 月 1 日)。

[7] 《关于环境保护若干问题的决定》，国务院国发[1996]31 号。

[8] 《浙江省大气污染防治条例》(2003 年 9 月 1 日)。

[9] 《浙江省固体废物污染环境防治条例》(2006 年 6 月 1 日)。

[10] 《宁波市环境污染防治规定》(2007 年 8 月 1 日)。

[11] 《关于切实做好企业搬迁过程中环境污染防治工作的通知》(环办[2004]47 号)。

[12] 《关于加强土壤污染防治工作的意见》(环发[2008]48 号)。

[13] 《建设工程安全生产管理条例》(国务院令第 393 号，2004)。

[14] 《关于严格执行房地产项目环境影响评价制度的通知》(浙环发 74 号文件)。

[15] 《关于要求做好宁波市化工研究院地块环境污染防治工作的函》(甬环函[2008] 47 号)。

2．标准、规范及技术资料

[1] 《土壤环境质量标准》(GB 15168—1995)。

[2] 《土壤环境监测技术规范》(HJ/T 166—2004)。

[3] 《环境影响评价技术导则》(HJ/T 2.1-2.3—1993)。

[4] 《环境影响评价技术导则（声环境)》(HJ/T 2.4—1995)。

[5] 《环境影响评价技术导则——非污染生态影响》(HJ/T 1.9—1997)。

[6] 《工作场所有害因素职业接触限值》(GBZ 2—2002)。

[7] 《高温中暑事件卫生应急预案》(卫生部 2007 年 7 月)。

[8] 《宁波市环境空气质量功能区划分技术报告》(宁波市环保局，1997 年 1 月)。

[9] 《浙江省地表水功能区水环境功能区划分方案》(浙江省水利厅、浙江省环保局，2006

年 4 月）。
[10] 《宁波市总体规划（1995—2010 年）》（宁波市人民政府，1999 年 2 月）。
[11] 《岩土工程勘察规范》（GB 50021—2001）。
[12] 《供水水文地质勘察规范》（GB 50027—2001）。
[13] 《岩土钻探技术规范》（地质部）。
[14] 《地下水环境监测技术规范》（HJ/T 164—2004）。
[15] 《工业企业土壤环境质量风险评价基准》（HJ/T 25—1999）。
[16] 《展览会用地土壤环境质量评价标准（暂行）》（HJ 350—2007）。
[17] 《荷兰土壤修复标准》。
[18] 《美国迈阿密-戴德郡土壤清除标准》。
[19] 杨仲元．工程地质与水文，北京：人民交通出版社，2010.
[20] 周启星，宋玉芳，等．污染土壤修复原理与方法，北京：科学出版社，2004.

3．其他文件资料

[1] 《宁波乐金甬兴化工有限公司丙烯腈物料管道泄漏土壤及地下水采样钻探工程施工总结》（浙江省工程勘察院，2008 年 3 月）。
[2] 《宁波乐金甬兴化工有限公司丙烯腈物料管道泄漏土壤及地下水采样质量控制措施》（宁波市环境监测中心，2007 年 10 月）。
[3] 《宁波乐金甬兴化工有限公司丙烯腈物料管道泄漏土壤及地下水采样工程勘探工程设计》（宁波市环境保护科学研究设计院，2007 年 10 月）。
[4] 《宁波乐金甬兴化工有限公司丙烯腈物料管道泄漏土壤及地下水采样工程工作纲要》（浙江省工程勘察院，2007 年 10 月）。
[5] 《宁波原江东化工区Ⅱ号地块环境污染现状调查与评估报告（送审稿）》（宁波市环境监测中心，2006 年 12 月）。
[6] 《原宁波化工研究设计院地块污染状况调查和评估报告（报批稿）》（宁波市环境监测中心，2008 年 6 月）。
[7] 《原宁波制药厂地块环境污染现状调查与评估（报批稿）》（宁波市环境监测中心，2007 年 5 月 9 日）。
[8] 《原宁波制药厂地块污染土壤修复实施方案（报批稿）》（宁波甬绿环境保护技术工程有限公司，2008 年 10 月 22 日）。

鸣谢单位：

北京永新环保有限公司
环境保护部南京环境科学研究所
中科院南京土壤研究所
杭州大地环保工程有限公司
宁波市环境保护科学研究设计院
浙江省辐射环境监测站
浙江省工程勘察院
宁波甬绿环境保护技术工程有限公司
上海市环境科学研究院
轻工业环境保护研究所